Début d'une série de documents
en couleur

# MÉMOIRE

sur

# LA VÉGÉTATION

## DANS LES HAUTES LATITUDES

par

## M. EUG. TISSERAND

INSPECTEUR GÉNÉRAL DE L'AGRICULTURE, MEMBRE DE LA SOCIÉTÉ

EXTRAIT DES MÉMOIRES DE LA SOCIÉTÉ CENTRALE D'AGRICULTURE
DE FRANCE. — ANNÉE 1875

## PARIS

IMPRIMERIE ET LIBRAIRIE D'AGRICULTURE ET D'HORTICULTURE
DE Mᵐᵉ Vᵉ BOUCHARD-HUZARD,
5, RUE DE L'ÉPERON.
1876

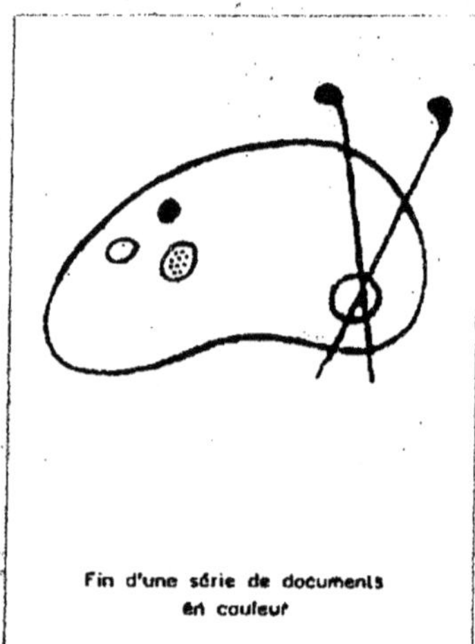


Fin d'une série de documents
en couleur

# MÉMOIRE





## LA VÉGÉTATION DANS LES HAUTES LATITUDES.

SOCIÉTÉ CENTRALE D'AGRICULTURE DE FRANCE.

# MÉMOIRE

SUR

# LA VÉGÉTATION

## DANS LES HAUTES LATITUDES

PAR

## M. EUG. TISSERAND

INSPECTEUR GÉNÉRAL DE L'AGRICULTURE, MEMBRE DE LA SOCIÉTÉ

EXTRAIT DES MÉMOIRES DE LA SOCIÉTÉ CENTRALE D'AGRICULTURE
DE FRANCE. — ANNÉE 1875.

## PARIS

IMPRIMERIE ET LIBRAIRIE D'AGRICULTURE ET D'HORTICULTURE
DE Mᵐᵉ Vᵉ BOUCHARD-HUZARD,
5, RUE DE L'ÉPERON.

**1876**

# MÉMOIRE

SUR

# LA VÉGÉTATION
# DANS LES HAUTES LATITUDES

PAR M. Eugène TISSERAND,

Inspecteur général de l'agriculture, membre de la Société.

---

Dans le voyage que j'ai effectué, à la fin de l'an dernier, en Norvége, j'ai recueilli un certain nombre de faits sur lesquels j'ai déjà appelé l'attention de la Société. Je me propose de l'entretenir plus particulièrement aujourd'hui des recherches qui ont été faites par mon excellent ami M. Schübeler, professeur à l'Université de Christiania, et de mes propres observations sur la répartition des végétaux en Norvége, sur les conditions spéciales dans lesquelles les plantes se développent dans cette contrée et sur les qualités particulières qu'elles y acquièrent.

## I.

La Norvége est comprise entre le 57ᵉ et le 71ᵉ degré de latitude nord ; elle occupe à peu près le tiers de la péninsule scandinave : sa superficie est de 31,500,000 hectares ; elle forme une bande étroite de territoire qui s'étend du cap Lindesnes (57° 28' lat.) au cap Nord (71° 10' lat.), en formant 2,800 kilomètres de côtes, c'est-à-dire une longueur triple de la distance qui sépare Marseille de Paris. Très-resserré du 71° au 64° parallèle où sa largeur atteint à peine 100 kilomètres, le territoire norvégien s'élargit en descendant vers le sud, sans toutefois que cette dimension dépasse 350 kilomètres.

A l'ouest et au sud, la Norvége est baignée par la mer du Nord ; à partir du cercle polaire jusqu'au delà du cap Nord, ses côtes sont battues par les flots de la mer Glaciale.

Vue à vol d'oiseau, la péninsule scandinave offre l'aspect d'une immense masse rocheuse émergée presque verticalement du sein de la mer. La ligne de faîte qui court parallèlement à la côte forme la frontière de la Norvége et de la Suède ; le versant de la mer du Nord constitue la Norvége, et celui qui s'incline vers la Baltique, la Suède. Ces deux pays sont comme les deux côtés d'une immense toiture dont le faîtage serait la crête des Alpes scandinaves et les deux chéneaux, la Baltique d'une part et la mer du Nord de l'autre; seulement, ils sont très-inégaux comme pente et comme étendue. Le versant oriental (la Suède) est très- allongé; il a une inclinaison régulière avec pente douce vers la Baltique, ou bien il présente une série de gradins superposés par lesquels on descend jusqu'au bord de la mer. Le versant occidental est au contraire très-étroit ; ses pentes sont très-roides ; le sol, qui est très-accidenté, présente parfois des escarpements presque verticaux et d'une grande hauteur ; sur ses bords, ce versant est profondément déchiré, crevassé en tous sens et forme une multitude de golfes ou *fjords* qui donnent à ce pays un cachet tout spécial de grandeur et de sauvagerie à la fois. Enfin, le littoral est bordé d'une ceinture d'îles escarpées, aux aspects les plus bizarres et qui se dressent au-dessus de l'eau comme des débris arrachés aux flancs du massif scandinave.

Ces fjords s'avancent très-loin dans l'intérieur des terres et sont parfois resserrés entre d'immenses murailles de rochers. Il y en a qui pénètrent jusqu'à 60 lieues dans le pays, par toutes sortes de circuits ; la profondeur de leurs eaux est toujours considérable, aussi sont-ils d'un grand secours pour les transports et la navigation.

Les 3/10 du territoire norvégien sont à 2,000 pieds et plus au-dessus du niveau de la mer ; un 10° de sa surface est couvert de neiges perpétuelles.

Entre les altitudes de 600 à 1,200 mètres dans le centre et de 300 à 600 mètres dans le nord de la Norvége, existent de vastes plateaux ayant fréquemment de 100 à 120 kilomètres de largeur et une longueur plus grande encore. Sur ces plateaux s'élèvent des collines et même de véritables montagnes dont les sommets atteignent jusqu'à 2,400 mètres. Quant aux plateaux, ils ne présentent, aussi loin que la vue peut s'étendre, qu'une morne et affligeante solitude ; ils sont souvent battus par la tempête, et désolés par les rigueurs d'un hiver presque sans fin. Le sol y est formé d'un amas de roches entassées sans ordre les unes sur les autres. Dans les interstices que les blocs laissent entre eux, il y a un peu de terre provenant de la lente désagrégation des rochers, mais elle ne se revêt que d'une rare et maigre végétation ; les seules plantes qui y poussent sont de pauvres graminées et quelques chétifs Carex ; des Lichens et des Mousses de couleur jaune sombre y prédominent et forment la masse de la végétation qu'on y trouve ; çà et là on rencontre quelques Bouleaux, des arbustes rabougris, puis des plantes alpestres, qui servent de nourriture aux rennes, comme le Cladonia rhangiferina, les Cetraria islandica, cucullata et nivalis et le Cornicularia ochroleuca. Quant aux animaux, ils sont tout aussi rares ; ceux qu'on y voit sont le renne sauvage et la poule des montagnes (Lagopus alpina). Pendant l'été le pluvier doré (Charadrius apricarius) rompt seul de temps à autre, par son cri strident, la monotonie de ces déserts. Dans les vallées, sur la côte et dans les îles, le gibier, au contraire, abonde, les eaux fourmillent de poissons, et mille variétés d'oiseaux de passage s'y ébattent en troupes nombreuses pendant la belle saison.

Au delà du 65° ou du 66° parallèle et dans le sud-ouest, aux altitudes de 1,000 à 1,200 mètres, les plateaux forment d'immenses glaciers. Le plus grand d'entre eux, le Justedahlküll, situé dans la province de Bergen, ne couvre pas moins de 110,000 hectares; il n'en existe nulle part, en Europe, d'aussi étendu.

Dans le sud de la Norvége, les grands plateaux deviennent très-rares, le sol revêt davantage le caractère montagneux. Il est fortement tourmenté; les pentes sont abruptes, les déchirures qui forment les vallées et les fjords sont presque toujours étroites et à parois verticales; on y trouve les plus hautes montagnes de la Norvége et les plus splendides fjords. Parmi ceux-ci, il faut citer le Sognefjord, qui s'enfonce jusqu'à 150 kilomètres dans l'intérieur du pays, et dont les eaux atteignent fréquemment une profondeur de 1,000 mètres.

Dans le nord, les plus hautes montagnes ne dépassent pas 1,000 à 1,200 mètres. Le Cap Nord émerge de 270 mètres au-dessus des flots tourmentés, qui battent sans repos cette digue avancée du continent européen.

Les vallées de la Norvége sont généralement profondes; ce sont les crevasses faites dans la masse rocheuse lors de son soulèvement, qui les ont formées. Elles sont parfois si étroites, leurs flancs taillés à pic sont si rapprochés, qu'il en est dont le fond ne reçoit jamais les rayons du soleil; tel est le cas de la vallée connue sous le nom de *Sol'eisa*, qui signifie « *privée de soleil.* » Il en est d'autres, comme celle de Lardalsœren, située vers le 61° degré de latitude, dans la province de Bergen, dont le fond reste plongé, la plus grande partie de l'année, dans une ombre glaciale. Toutefois, la plupart des vallées qui débouchent sur la mer et tout le littoral sont très-habitables; quelques-unes de ces vallées sont assez larges, et on rencontre même quelques belles plaines dans le district de Christiania. La population y est tout entière concentrée ; là seulement on trouve de la culture et des habitations. On ne rencontre plus de lieu habité d'une façon permanente au-dessus de 600 mètres d'altitude, et les bestiaux ne vont guère pâturer au delà de 900 à 1,000 mètres au-dessus du niveau de la mer.

Le régime des eaux est en rapport direct avec le relief du terrain ; aussi la Norvége abonde-t-elle en torrents dont le cours est peu étendu, mais qui roulent des masses d'eau considérables.

Souvent les rivières sont formées par le trop-plein des lacs intérieurs qui, par leur étendue, forment de véritables mers ; ces lacs se trouvent sur les plateaux à toutes les altitudes ; on en rencontre à 3,000 et à 4,000 pieds au-dessus du niveau de la mer. Leur profondeur est généralement considérable, elle atteint parfois celle de la mer. Dans le beau lac de Mïœsen, la profondeur des eaux, en certains endroits, atteint 1,400 pieds, et ses bords ne sont qu'à 400 pieds au-dessus du niveau de la mer. Toutes les eaux de la Norvége sont belles, vives et très-poissonneuses. Les pentes sont généralement très-fortes ; les cataractes et les chutes d'eau se voient en grand nombre : on ne peut voyager quelques heures sans en rencontrer de magnifiques ; la Norvége possède là une source immense de forces naturelles, qui valent autant que des couches de houille inépuisables, puisque la nature régénère sans cesse les masses d'eau qui les fournissent. L'industrie locale les utilise peu encore, elle n'emploie qu'une fraction infime de la force que représentent ces admirables chutes d'eau. Elle s'en sert pour le débitage et le façonnage des bois de charpente et d'industrie. L'une des plus belles chutes du midi de la Norvége est celle qui forme, à Hönefôss, le Hallingdahlelf ; sa puissance peut être évaluée à plusieurs milliers de chevaux-vapeur ; les scieries établies au bord de la cataracte et au milieu des rapides n'en utilisent qu'une centaine à peine. Nous citerons encore les belles chutes du Glommen, près de Moss, qui font aussi marcher de nombreuses scieries.

800,000 hectares sont occupés en Norvége par les lacs et les mers intérieures.

La Norvége renferme encore un grand nombre de marécages et de tourbières : leur étendue est de 2,200,000 hectares ; de grands efforts sont faits pour dessécher et conquérir à l'agriculture ceux qui sont le mieux situés.

Les bois et les forêts y couvrent, de leur manteau de verdure, environ 6,700,000 hectares. Le 10e à peine de cette surface appartient à l'Etat ; disons en passant que la propriété forestière est libre en Norvége et très-divisée ; elle est, en grande partie, entre les mains des paysans. Ceux-ci, alléchés par les hauts prix du bois pendant les vingt-cinq dernières années, ont fait des abatages immodérés et ont compromis sur beaucoup de points cette branche de la fortune publique ; tout autour des centres de population et des usines, tout le long des chemins de fer, on a saccagé les bois sans règle ni merci. Dans certains endroits où j'avais vu de magnifiques forêts, il y a dix-huit ans, je n'ai plus retrouvé que des terrains couverts de broussailles ou mal repeuplés. Le gouvernement norvégien, justement préoccupé de ces dévastations, cherche à y porter remède ; mais il lui faut compter avec le *Storthing* (Chambre des députés), composé, en grande partie, de paysans propriétaires de bois, très-jaloux de leurs droits et de leurs libertés. Il n'a pu obtenir de dispositions législatives entravant la jouissance du droit de propriété dans l'intérêt de la préservation des forêts, mais cette assemblée ne lui refuse pas les crédits nécessaires pour acquérir, au profit du domaine de l'Etat, les forêts dont la conservation est d'un intérêt général. Chaque année, une somme importante relativement (de 1 à 2 millions de francs) figure au budget pour cette affectation. Cette solution, qui respecte les droits de la propriété, permettra au gouvernement d'assurer la conservation du sol sur les rampes et les sommets où l'abatage du bois amènerait la dénudation et la stérilité ; de plus, elle finira par constituer, au profit de l'Etat, un vaste et important domaine forestier.

Les essences dominantes dans cette contrée sont le Sapin, le Pin et le Bouleau. Dans la région méridionale, aux expositions convenables et en terre profonde, on trouve quelques bois de Chêne et de Hêtre entremêlés de Merisiers, de Sorbiers et de Frênes ; mais ces essences ne se rencontrent guère en massifs réguliers au delà du 59ᵉ degré de latitude. La limite extrême à laquelle on voit le Hêtre se trouve entre le 60ᵉ et le 61ᵉ parallèle. Le Frêne, l'Alizier, le Tilleul et l'Érable viennent plus au nord ; le Tilleul existe jusqu'au 62ᵉ degré de latitude, et le Chêne au 63ᵉ degré ; dans le district de Bergen, entre le 61ᵉ et le 62ᵉ parallèle, on voit encore quelques bouquets d'Aulnes blancs ; au delà du 63ᵉ degré, les forêts ne sont plus composées que de Pins, de Sapins et de Bouleaux. Le Sapin s'arrête le premier ; on cesse de le trouver à partir du 68ᵉ parallèle. Le Pin dépasse rarement le 69ᵉ degré de latitude : on trouve encore des Pins d'Autriche au 64ᵉ parallèle ; mais le plus grand nombre des variétés de Pins ne franchit guère, à l'état de massif, le 63ᵉ parallèle : le Pin silvestre est celui qui s'avance le plus vers le nord. On le rencontre buissonneux au 70ᵉ degré de latitude, à côté de sujets rabougris appartenant au Peuplier tremble. Dans la région polaire, on ne voit plus, çà et là, que des broussailles formées de Bouleaux nains, de Saules à l'aspect noirâtre (*Salix cuprea, Salix polaris, Salix pentandra*), de Sorbiers, de Ronces (*Rubus arcticus, R. chamæmorus, R. saxatilis*) et d'Aulnes (*Alnus incarna*).

Dans le centre et dans le midi, la région du Pin s'élève jusqu'à 450 mètres d'altitude, celle du Bouleau jusqu'à 550 mètres. Le Bouleau nain, le Saule alpestre et le Genévrier se montrent à 800 mètres ; au delà, jusqu'à 1,000 mètres, on ne trouve plus que le Saule polaire et la flore arctique.

En Suède, les régions forestières se dessinent à peu près de la même façon, tout en s'élevant un peu moins vers le nord. Les deux tableaux qui suivent donnent sous une forme saisissable la distribution des essences forestières et des arbres fruitiers qu'on trouve dans cette contrée.

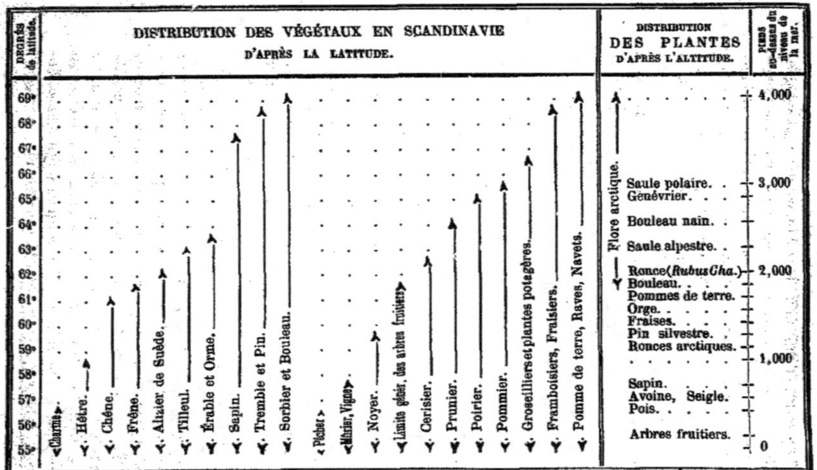

| DISTRIBUTION DES VÉGÉTAUX EN SCANDINAVIE D'APRÈS LA LATITUDE. | DISTRIBUTION DES PLANTES D'APRÈS L'ALTITUDE. |
|---|---|

DEGRÉS de latitude : 69° · 68° · 67° · 66° · 65° · 64° · 63° · 62° · 61° · 60° · 59° · 58° · 57° · 56° · 55°

Charme.
Hêtre.
Chêne.
Frêne.
Alisier de Suède.
Tilleul.
Érable et Orme.
Sapin.
Tremble et Pin.
Sorbier et Bouleau.
Pêcher.
Mûrier, Vigne.
Noyer.
Limite glaciale des arbres fruitiers.
Cerisier.
Prunier.
Poirier.
Pommier.
Groseilliers et plantes potagères.
Framboisiers, Fraisiers.
Pomme de terre, Raves, Navets.

PIEDS au-dessus du niveau de la mer : 4,000 — 3,000 — 2,000 — 1,000 — 0

Flore arctique.

Saule polaire.
Genévrier.
Bouleau nain.
Saule alpestre.
Ronce (*Rubus Cha.*)
Bouleau.
Pommes de terre.
Orge.
Fraises.
Pin silvestre.
Ronces arctiques.
Sapin.
Avoine, Seigle.
Pois.
Arbres fruitiers.

(Extrait du Livre d'Anderson sur la végétation des plantes cultivées en Suède.)

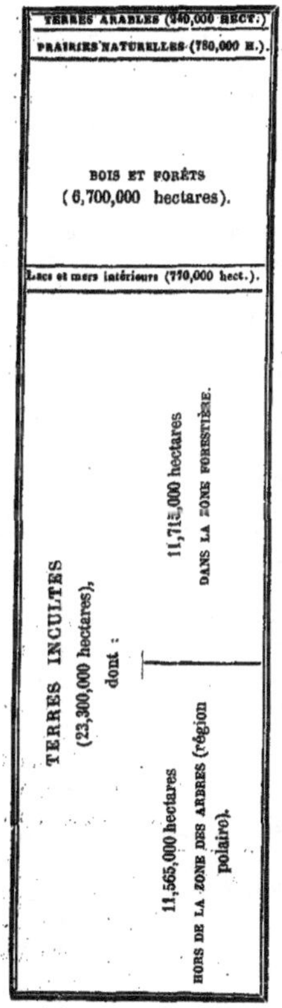

Les prairies naturelles occupent le fond des vallées et les plateaux qui ont moins de 300 mètres d'altitude ; leur étendue est de 800,000 hectares environ pour toute la Norvége.

La surface des terres arables est encore plus restreinte ; la charrue se rencontre principalement dans les vallées et dans quelques plaines du Sud qui sont bien abritées. La surface cultivée serait, d'après les documents publiés, de 255,000 hectares, soit à peine 1 pour 100 de la superficie du territoire.

La figure ci-contre, dressée à l'échelle, permet d'avoir une idée très-nette de la répartition du territoire de la Norvége ; les superficies occupées par les cultures, les prés, les bois et les terres incultes sont représentées par des bandes dont les surfaces sont proportionnelles aux étendues réelles de chaque nature de terrains.

Au point de vue de la nature de son sol, la Norvége présente une constitution fort simple. Ce pays est, à proprement parler, un énorme bloc de granit, qui a apparu à la surface du globe dans les premiers âges du monde. On y trouve, à côté du granit, des spécimens de la plupart des roches d'origine ignée et principalement des porphyres, et des hornblends. Les terrains de transition, les quartzites, les gneiss et les schistes se rencontrent dans le Sud; leurs couches renferment des mines précieuses d'argent, de fer, de nickel, etc. On y exploite aussi, depuis de longues années, pour l'agriculture, des dépôts importants d'apatite; déjà, en 1853, on avait commencé à les exploiter pour le compte de l'Angleterre. Au sud de Christiania se trouvent des terrains appartenant, comme presque toute la partie méridionale de la Suède, à la période glaciaire.

La péninsule scandinave dut être, à cette époque, un immense glacier; le chemin de fer de Christiania à Malmö traverse, pendant de longues heures, de puissants amas de sable, de cailloux roulés et de rochers usés et arrondis, qui ont l'aspect de moraines toutes récentes. Sur les blocs de granit et de porphyre, on voit à chaque instant de belles stries polies par le frottement de la glace et si luisantes, qu'on les croirait faites d'hier. Ces dépôts glaciaires occupent une étendue énorme; ils ont comblé et nivelé de profondes vallées; on en a trouvé qui avaient 100 mètres de puissance. La Scandinavie a été certainement, pendant cette période, le siége de phénomènes analogues à ceux qu'offre le Groënland de nos jours. L'énorme calotte de glace se terminait à la mer et les flots en rongeaient incessamment les bords, entraînant au loin, au moyen des immenses banquises qui en résultaient, des blocs de granit et de porphyre arrachés aux flancs du Dovrefjeld et du Jotun; ces blocs, transportés vers le sud, se déposaient, par suite de la fusion de la glace, sur les terrains qui alors, recouverts par la mer, devaient former plus tard le Danemark, le nord de l'Allemagne et de la Russie, c'est-à-dire la grande plaine du nord de l'Europe où l'on rencontre tant de blocs erratiques, témoins permanents des phénomènes passés.

Le glacier a disparu avec l'époque actuelle, et la Norvége jouit d'un climat relativement doux. Cependant, cette contrée est à la même latitude que le Groënland et que les côtes du Labrador; Christiania, situé au sud de la Norvége, est à la même latitude que le cap Farewell, à la pointe méridionale du Groënland, et ce dernier pays est resté un glacier; la terre, profondément congelée, s'y refuse à nourrir l'homme; les Esquimaux peuvent seuls en supporter le rude climat.

La Norvége doit à un grand phénomène naturel l'immunité dont elle jouit au point de vue climatérique; elle doit à la même cause de pouvoir compter parmi les pays civilisés de l'Europe (1). Cette cause réside dans le réchauffement du pays par le Gulf-Stream : ce grand courant marin, qui amène de la région équatoriale (golfe du Mexique) une

(1) La population de la Norvége était, au commencement de ce siècle, de 887,000, aujourd'hui elle est de 1,733,000. Elle a doublé en 70 ans. La population rurale y est de 1 million et demi d'âmes, les pêcheries et le commerce maritime occupent à peu près tout le reste des habitants.

La Norvége est le siége d'un mouvement scientifique et littéraire remarquable. Elle a une grande Université et une des meilleures organisations d'enseignement primaire. Elle possède des Sociétés qui s'occupent avec ardeur des sciences, des lettres et des arts; aussi l'instruction y est-elle très-répandue. Son industrie prend de jour en jour du développement, son commerce s'étend, ses navires se montrent sur toutes les mers, son mouvement commercial avec l'étranger a presque atteint le chiffre de 500 millions de francs. — Ses principaux articles d'exportation ont été, en 1873 :

| | |
|---|---|
| Produits des pêcheries | 48,770,000 francs. |
| Bois | 45,305,000 |
| Denrées agricoles | 4,540,000 |
| Produits des mines et métaux | 6,670,000 |
| — manufacturés | 5,620,000 |

L'instruction agricole est relativement très-répandue dans la classe rurale; la Norvége possède un Institut supérieur agronomique à Aas, sept Écoles régionales, trois agronomes inspecteurs, une belle ferme expérimentale dans le parc royal de Ladegaardsœn, habilement dirigée par M. le chambellan Holst, dont l'obligeance est bien connue de tous les Français qui ont visité la Norvége.

masse énorme d'eau tiède et d'air chaud, aborde le littoral
de la Norvége entre le 60° et le 61° degré de latitude, et
remonte ensuite vers le nord, en longeant la côte norvégienne jusqu'au cap Nord. Pendant l'hiver, il empêche la
température de s'abaisser comme le comporterait la latitude,
il modère le refroidissement au printemps et à l'automne, et
élève très-notablement la température moyenne du pays.

De très-nombreuses recherches ont été effectuées relativement à ce grand phénomène météorologique, aucune ne
laisse de doute sur son action bienfaisante en Norvége et
sur son origine. Ainsi, tandis qu'en dehors de son action la
température descend à 40° au-dessous de zéro au 61° degré
de latitude ; à 20 lieues de là, à la même latitude, sous son
influence directe, la température minima ne descend pas au-
dessous de — 10°.

Les minima de température, le long de la côte, du 60° au
69° parallèle, oscillent entre — 9° et — 13° ; au cap Nord
(71°), le minimum est de —17° ; les eaux du courant mexi-
cain y sont déjà notablement refroidies par leur rencontre
avec les eaux et les glaces flottantes du courant polaire. Au
68° degré de latitude, dans l'intérieur des terres, hors de
l'influence du Gulf-Stream, la température minima descend
jusqu'à — 50°.

Sur les côtes de la Norvége, il fait moins froid en hiver
que sur le littoral du Danemark et du nord de la Prusse.
Aussi les fjords y sont-ils souvent ouverts à la navigation et
accessibles aux bateaux, alors que les ports de la Suède
et du nord de l'Allemagne sont obstrués par les glaces.

Quant aux températures moyennes, on voit, en jetant les
yeux sur les cartes dressées par le professeur Mohn et dont
nous donnons plus loin une reproduction, que les lignes
isothermes remontent toutes vers le nord, en suivant une
direction parallèle à la côte et à l'axe du courant du
Gulf-Stream. Toutes ces lignes courent les unes derrière
les autres. Ainsi, l'isotherme de 7° longe le littoral de la
Norvége du 58° au 61° parallèle. Cette même ligne traverse

au sud le Cattégat, passe par la pointe du Jutland, aborde la côte suédoise au 57ᵉ degré de latitude, et sort de l'autre côté au-dessous du 56ᵉ parallèle.

L'isotherme de 6° vient à une petite distance derrière la précédente : comme celle-ci, elle suit, mais à une plus grande distance dans l'intérieur de la péninsule, les contours du littoral de la mer et des golfes ; elle quitte la côte norvégienne au 64ᵉ parallèle ; en Suède, on la retrouve au 57ᵉ parallèle, et en Russie plus bas encore.

L'isotherme de 5° suit une marche à peu près identique. Elle longe la côte à une distance encore plus grande dans l'intérieur du pays, et quitte, au nord, le littoral norvégien au 65ᵉ degré de latitude.

L'isotherme de 4° se rencontre au 66ᵉ degré de latitude à la côte ; l'isotherme de 3° au 69ᵉ parallèle, celle de 2° au 70ᵉ, et celle de 1° au 71ᵉ.

L'isotherme de zéro longe la chaîne des montagnes et le littoral de la mer à partir du cap Nord ; elle enveloppe également le massif central de la Norvége, entre le 60ᵉ et le 63ᵉ parallèle.

Pour compléter, au reste, ces indications, nous donnons ci-dessous la température moyenne de l'année dans dix-neuf localités norvégiennes qui sont comprises entre le 58ᵉ et le 71ᵉ parallèle.

## CLIMAT DE LA NORVÈGE.

| LOCALITÉS. | Latitude. | Longitude à l'est de l'Ile de Fer. | Altitude (mètres). | TEMPÉRATURE MOYENNE EN DEGRÉS CENTIGRADES. | | | | | | | | | | | | |
| --- | --- | --- | --- | --- | --- | --- | --- | --- | --- | --- | --- | --- | --- | --- | --- | --- |
| | | | | De l'année. | Janvier. | Février. | Mars. | Avril. | Mai. | Juin. | Juillet. | Août. | Septembre. | Octobre. | Novembre. | Décembre. |
| | degrés. | degrés. | mètres. | degrés. | degrés. | degrés. | degrés. | degrés. | degrés. | degrés. | degrés. | degrés. | degrés. | degrés. | degrés. | degrés. |
| Lindesnes | 58.0 | 24.7 | 9 | 6.8 | 0.6 | 0.9 | 1.5 | 3.8 | 7.6 | 10.9 | 13.0 | 14.1 | 12.8 | 8.3 | 4.8 | 3.2 |
| Mandal | 58.0 | 25.1 | 17 | 6.6 | —0.6 | —0.8 | 1.0 | 4.1 | 9.1 | 13.3 | 14.9 | 14.5 | 11.6 | 7.3 | 3.2 | 1.3 |
| Christiania | 59.9 | 28.4 | 24 | 5.2 | —5.1 | —5.0 | —1.8 | 3.8 | 9.9 | 14.8 | 16.5 | 15.3 | 11.3 | 5.4 | —0.2 | —3.6 |
| Elverum | 60.9 | 29.2 | 19 | 1.9 | —10.4 | —10.9 | —4.8 | 1.7 | 8.5 | 14.2 | 15.4 | 13.1 | 8.1 | 2.0 | —6.3 | —8.1 |
| Bergen | 60.4 | 23.0 | 15 | 7.0 | 0.4 | —0.1 | 1.8 | 4.9 | 9.5 | 13.3 | 14.5 | 14.1 | 12.0 | 7.4 | 3.4 | —2.0 |
| Florö | 61.6 | 22.8 | 9 | 6.6 | 1.1 | 0.8 | 1.8 | 3.9 | 8.4 | 12.0 | 13.8 | 13.6 | 10.2 | 7.5 | 3.6 | 3.0 |
| Jölster | 61.5 | 23.8 | 200 | 4.6 | —3.7 | —3.8 | —1.0 | 2.0 | 7.7 | 11.8 | 13.6 | 13.1 | 10.1 | 4.9 | 0.6 | —0.7 |
| Stryn | 61.9 | 24.3 | 5 | 5.4 | —3.4 | —2.9 | 0.5 | 3.3 | 9.1 | 13.1 | 14.4 | 13.5 | 10.2 | 5.2 | 1.6 | 0.1 |
| Aalesund | 62.5 | 23.8 | 10 | 6.7 | 1.8 | 1.2 | 1.8 | 4.4 | 7.3 | 11.3 | 12.6 | 13.0 | 11.5 | 7.4 | 4.0 | 3.2 |
| Dovre | 62.1 | 26.8 | 636 | 0.3 | —9.7 | —8.1 | —6.5 | —0.9 | 4.2 | 9.2 | 11.1 | 10.2 | 5.5 | 0.2 | —3.9 | —7.9 |
| Röros | 62.6 | 29.1 | 94 | 2.5 | —11.0 | —11.7 | —8.3 | —4.6 | 0.4 | 5.9 | 6.9 | 6.5 | 4.0 | —1.2 | —7.0 | —10.0 |
| Christianssund | 63.1 | 25.4 | 20 | 6.2 | 1.0 | 0.4 | 1.3 | 3.9 | 7.2 | 11.4 | 12.7 | 13.0 | 11.2 | 6.9 | 3.4 | 2.2 |
| Villa | 64.5 | 28.4 | 4 | 6.5 | 1.4 | 1.3 | 1.2 | 4.9 | 7.5 | 11.8 | 13.3 | 12.8 | 11.1 | 7.2 | 3.6 | 1.7 |
| Brönö | 65.5 | 29.9 | 12 | 4.6 | —0.9 | —3.0 | —0.4 | 2.7 | 5.9 | 9.9 | 12.5 | 12.7 | 10.1 | 5.1 | 1.2 | —1.0 |
| Ranen | 66.2 | 31.2 | 14 | 2.9 | —6.9 | —7.1 | —0.1 | 1.8 | 5.7 | 10.9 | 13.6 | 12.7 | 8.4 | 2.7 | —2.1 | —5.0 |
| Tromsö | 69.6 | 36.6 | 12 | 2.2 | —4.2 | —4.0 | —3.8 | —0.1 | 3.2 | 8.7 | 11.5 | 10.4 | 7.0 | 2.0 | —1.7 | —3.2 |
| Hammerfest | 70. | 41.4 | 9 | 1.8 | —5.1 | —4.6 | —3.6 | —0.2 | 3.2 | 7.6 | 11.3 | 10.7 | 6.8 | 1.2 | —2.1 | —3.9 |
| Vardö | 70.4 | 48.8 | 13 | 0.8 | —6.0 | —6.4 | —5.1 | —1.7 | 1.8 | 5.9 | 8.8 | 9.8 | 6.4 | 1.3 | —2.1 | —4.0 |
| Fruholm | 71.1 | 41.6 | 9 | 1.9 | —2.7 | —4.7 | —3.2 | —0.9 | 2.7 | 7.5 | 9.3 | 9.9 | 5.8 | 2.5 | —1.1 | —1.9 |

Le Gulf-Stream n'a pas pour effet seulement d'adoucir notablement le climat du littoral, ainsi que celui des îles et
des vallées de la Norvége, il apporte à cette contrée une
humidité considérable ; il pleut ou il neige 150 à 200 jours
par an sur la côte norvégienne ; le ciel y est, de plus, très-
fréquemment couvert ; Christiania est, avec Bergen, l'une
des stations où il est le plus nuageux.

Sur les plateaux, à l'intérieur, l'air est moins brumeux ;
l'atmosphère y est parfois remarquablement claire, et il n'est
pas rare d'y trouver, en été, un ciel aussi pur que celui de
l'Italie. C'est sur la côte, entre le 60° et le 62° degré de
latitude, qu'il pleut davantage ; il y tombe, en moyenne,
2 mètres d'eau par an, et quelquefois 2$^m$.300. Cela se com-
prend, puisque c'est là qu'arrive le Gulf-Stream avec son
atmosphère tiède et chargée des vapeurs de l'Océan ; celles-
ci se refroidissent en rencontrant les premiers contre-forts
du massif norvégien et donnent lieu à des pluies torren-
tielles et incessantes. Plus au nord et plus à l'intérieur, l'air
est déjà en partie dépouillé de son humidité, il y pleut de
moins en moins ; sur les plateaux, il ne tombe pas plus
d'eau qu'à Paris.

Au point de vue climatérique, la Norvége se divise donc
en zones parallèles où la température moyenne et l'humidité
sont en raison inverse de la distance de chacune d'elles à la
côte.

Les cartes données à la fin de ce travail mettent en pleine
lumière les faits météorologiques que nous venons de men-
tionner brièvement.

Ce réchauffement si remarquable de l'atmosphère et du
sol de la Norvége exerce une influence considérable sur la
végétation, et permet à cette contrée de cultiver des arbres
fruitiers et de nombreuses essences forestières, ainsi que
nous l'avons dit plus haut.

C'est à lui que la Norvége doit de pouvoir cultiver le Froment
jusqu'au 64° degré de latitude, c'est-à-dire à la hauteur du
Groënland et du détroit d'Hudson ; de produire de l'Avoine

jusqu'au 69° parallèle, du Seigle au 69° 1/2, et de l'Orge à 100 lieues au delà du cercle polaire arctique. C'est bien à l'existence du grand courant équatorial que la Norvége doit de pouvoir être cultivée et de n'être pas un glacier comme elle l'était jadis, que les récoltes y réussissent d'autant mieux que l'action du Gulf-Stream se fait sentir davantage. Toutes les fois que de grands phénomènes naturels viennent combattre son influence, les conditions climatériques de la Norvége sont notablement modifiées ; ainsi, on constate toujours que, quand les glaces polaires sont entraînées en grand nombre vers le sud et pénètrent en masses serrées dans le courant équatorial, la température moyenne diminue et les récoltes arrivent difficilement à maturité.

C'est encore à l'existence du Gulf-Stream que la Norvége doit d'avoir une faune et une flore très-variées.

Pendant trente années, le professeur Schübeler, avec l'énergique persévérance et la volonté qui caractérisent les compatriotes de Linné et de Berzélius, a poursuivi ses observations et ses recherches pour faire cette flore ; à force de patience et de labeurs, il est arrivé à dresser la belle carte dont j'ai l'honneur de faire hommage à la Société.

La station propre à chaque famille de plantes y est indiquée, les végétaux sont classés par ordre alphabétique, et en regard de chaque variété on lit les degrés de latitude et de longitude du lieu où ils croissent.

Le professeur Schübeler a complété son intéressant travail par un tableau donnant l'époque de la floraison des végétaux qui existent dans les environs de Christiania.

Ce tableau compte 434 espèces de plantes ; nous nous contentons d'en extraire les indications relatives aux végétaux les plus connus des agriculteurs.

| | DATES DE LA FLORAISON. |
|---|---|
| Abies alba. . . . . . . . . . . . . . . . . | 24 au 31 mai. |
| Salix alba. . . . . . . . . . . . . . . . . | 20 — 24 mai. |

DATES DE LA FLORAISON.

| | |
|---|---|
| Acer campestris. | 4 — 8 juin. |
| — negundo. | 1 — 4 juin. |
| — platanoïdes. | 14 — 18 mai. |
| — pseudo-platanus. | 22 — 26 mai. |
| — saccharinum. | 22 — 26 mai. |
| Robinia pseudo-acacia. | 26 — 30 juin. |
| Achillea millefolium. | 16 — 20 juin. |
| Senecio jacobæa. | 4 — 4 juillet. |
| Agrostis vulgaris. | 4 — 8 juillet. |
| Stellaria graminea. | 16 — 20 juin. |
| Aira cespitosa. | 4 — 8 juin. |
| — flexuosa. | 26 — 30 juin. |
| Trifolium incarnatum. | 4 — 8 août. |
| Alnus fruticosa. | 26 — 30 mai. |
| Trifolium pratense. | 16 — 20 juin. |
| Alopecurus pratensis. | 4 — 8 juin. |
| Trifolium repens. | 13 — 16 juin. |
| Amaranthus albus, etc. | 16 — 20 août. |
| Thymus vulgaris. | 20 — 24 juin. |
| Anagallis arvensis. | 14 — 18 juillet. |
| Valeriana officinalis. | 16 — 20 juin. |
| Anemone nemorosa. | 1 — 5 mai. |
| Tussilago farfara. | 24 mars au 10 avril. |
| Anthoxandrum odoratum. | 18 — 24 mai. |
| Rumex acetosa. | 4 — 8 juin. |
| Anthyllis vulneraria. | 26 — 30 juin. |
| Reseda lutea. | 2 — 6 juillet. |
| Arnica montana. | 20 — 24 juin. |
| Poa nemoralis. | 1 — 4 juillet. |
| Arrhenaterum avenaceum. | 24 — 30 juin. |
| Plantago lanceolata. | 26 — 30 juin. |
| Avena pratensis. | 20 — 24 juin. |
| — fatua. | 14 — 18 juillet. |
| Phleum pratense. | 2 — 6 juillet. |
| Berberis vulgaris. | 4 — 8 juin. |
| Lotus corniculatus. | 4 — 10 juin. |
| Ulmus montana. | 4 — 8 mai. |
| Pinus austriaca. | 12 — 16 juin. |
| — silvestris. | 24 — 30 mai. |
| Fraxinus excelsior. | 1 — 4 juin. |
| Larix europæa. | 20 — 24 mai. |
| Betula. | 20 — 24 mai. |

| | DATES DE LA FLORAISON. |
|---|---|
| Linum usitatissimum. | 14 — 18 juillet. |
| Briza midia. | 1 — 4 juillet. |
| Melilotus cærulea. | 16 — 20 juillet. |
| Bromus. | 8 — 12 juillet. |
| Onobrychis sativa. | 4 — 8 juillet. |
| Capsella bursa pastoris. | 16 — 20 mai. |
| Tabac. | 1 — 6 août. |
| Carex cæspitosa. | 18 — 22 mai. |
| Phleum pratense. | 2 — 6 juillet. |
| Carum carvi. | 8 — 12 juin. |
| Polygonum tataricum. | 14 — 18 juillet. |
| Chrysanthemum leucanthemum. | 16 — 20 juin. |
| Genêts (6 variétés). | 16 — 20 juillet. |

Les Cerisiers sont en pleine fleur vers le 18 mai, et les Pommiers huit jours plus tard.

Ces observations ont été complétées par un tableau de M. Robert Collett, de l'Université de Christiania, dans lequel se trouve indiquée la date de l'arrivée des diverses sortes d'oiseaux (voir le tableau n° 3, page 202). On y remarque, entre autres, que l'accenteur et la palombe font leur apparition dans les environs de Christiania du 4 au 28 avril ; que le corbeau arrive du 5 au 17 mars ; la grue, à la fin du mois de mai ; l'hirondelle et le coucou, dans la première quinzaine du même mois, et le vanneau du 15 au 30 avril.

Plus loin, l'auteur donne la flore de Throndhjem (63°26'), celle des îles Loffoden (69°4') et indique enfin l'époque de la floraison des végétaux qui croissent à Nyborg (70°10'). A mesure qu'on s'élève en latitude, le nombre des espèces va en diminuant, et la durée de leur végétation, exprimée en jours, devient moindre.

Le professeur Schübeler ne s'en est pas tenu là ; il a fait une étude particulière de la façon dont se développent, en Norvége, les plantes cultivées ; il a recherché la durée de leur végétation aux diverses latitudes de cette contrée et les propriétés qu'elles acquièrent en conséquence des conditions climatériques sous l'influence desquelles elles vivent.

Ce n'est pas l'un des sujets les moins importants de ses travaux, à raison de l'enseignement qu'on en peut déduire et des applications pratiques qu'on en peut tirer.

## II.

Sur les 31,665,000 hectares qu'occupe la Norvége, il y en a 8,800,000 au delà du cercle polaire, et 9,800,000 à plus de 2,000 pieds au-dessus du niveau de la mer ; il suit de là que l'espace cultivable est très-limité. L'agriculture n'y exploite guère actuellement que 1,200,000 hectares. Les terres arables entrent dans ce chiffre pour 255,000 hectares seulement. Les principaux produits de la culture sont le Froment de mars, le Seigle, l'Orge, l'Avoine et les Pommes de terre.

Le Blé de mars est, de toutes ces plantes, celle qui occupe le moins de place en Norvége. Il est cultivé sur 4,800 hectares et fournit annuellement environ 100,000 hectolitres de grain.

Le Seigle, sur 13,300 hectares, donne, année moyenne, 310,000 hectolitres.

La culture de l'Orge embrasse 50,000 hectares, produisant 1,400,000 hectolitres de grain, et l'Avoine, près de 100,000 hectares avec un rendement de 2,916,300 hectolitres ; enfin 20,000 hectares sont ensemencés annuellement en Avoine et Orge mélangées qui rapportent 70,000 hectolitres de grain.

Le rendement annuel, en Pommes de terre, est de 7,500,000 hectolitres (1). Ces chiffres montrent que, dans

(1) Le produit total de la culture arable est d'environ 80 millions de francs par an, ce qui donne une moyenne de 400 francs par hectare cultivé.

L'agriculture norvégienne possédait, en 1870 : 120,000 chevaux, 680,000 vaches, 250,000 bœufs, taureaux et élèves, 1,700,000 moutons, 260,000 chèvres, 100,000 porcs et 90,000 rennes domestiques ; le produit annuel du bétail est estimé, en moyenne, à 112 millions de francs par an. La production en lait est de 700 millions de litres. Cette production de ces hautes latitudes, le produit des cultures est relativement très-élevé.

Les semailles de Blé de mars se font ordinairement dans la dernière semaine de mai, et la moisson a lieu vers la fin du mois d'août.

M. le professeur Schübeler a constaté que toutes les variétés semées à la même époque n'arrivaient pas à maturité en même temps ; par exemple, la variété du pays est toujours plus précoce que les espèces tirées de l'étranger.

Il a trouvé pour durée moyenne de la végétation, comptée du jour de la semaille au jour de la moisson :

90 jours pour le Blé indigène ;
97  —  Victoria ;
105  —  de Toscane.

La température moyenne, pendant la période de la végétation, étant de 14°.5, il s'ensuit que, pour arriver à maturité, le Blé indigène a exigé 1,275° de chaleur ;

Le Blé de Victoria, 1,376° ;

Le Blé de Toscane, 1,522°.

Dans les années les plus hâtives, le Blé indigène semé le 24 mai a pu être moissonné mûr le 6 août, n'ayant exigé ainsi que 74 jours de végétation. Le Blé de Toscane et le Blé Victoria semés le même jour, dans les mêmes conditions, ont été récoltés mûrs, le premier après 100 jours et le deuxième après 77 de végétation !

En comparant ces résultats à ceux qui ont été observés sous d'autres latitudes, nous trouvons que le Blé, pour mûrir, exige relativement beaucoup moins de temps absolu en Norvége que dans nos latitudes. En effet, d'après les belles recherches de M. Boussingault, il faudrait à cette céréale, pour mûrir en Alsace, 131 jours, avec une tempé-

suffit pas cependant aux besoins de la consommation du pays ; de grandes importations de grain, de beurre et de fromage sont faites chaque année en Norvége.

rature moyenne de 15°.8; à Boukandoura, près d'Alger, nous avons constaté que 142 jours de végétation étaient nécessaires, et à la ferme de Fouilleuse, près Paris, 139 jours.

D'après d'autres observations, il faudrait, à Kingston (États-Unis), 41°.50' lat., 106 jours, avec une température moyenne de 20°; à Cincinnati (Ohio), 39°6' lat., 137 jours, avec une température moyenne de 15°.7.

Aux environs de Christiania, les Orges se sèment dans la deuxième quinzaine de mai et se récoltent ordinairement dans le courant d'août. M. le professeur Schübeler a trouvé, à la suite de plusieurs années consécutives d'observations, qu'à Christiania la durée moyenne de la végétation de l'Orge était de 90 jours, correspondant à 1,290° de température; il a eu un cas de maturité en 77 jours; la durée la plus longue a été de 105 jours.

Des semences d'Orge venant d'Alten (70° lat. nord), mises en terre à Christiania, ont donné des épis mûrs qui ont pu être moissonnés 55 jours après la semaille. Cette précocité remarquable n'est nullement un fait anormal, elle est la règle, seulement elle ne se maintient pas; après quatre générations, la graine a perdu l'avance qu'elle avait pendant les quatre premières années, et la moisson n'arrive pas plus tôt qu'avec l'Orge ordinaire.

Les semences d'Orge venues des contrées méridionales présentent un phénomène inverse; elles exigent beaucoup plus de temps que l'Orge du pays pour mûrir; mais elles gagnent peu à peu, et au bout de trois ou quatre générations elles donnent des semences qui arrivent aussi vite à maturité que l'Orge locale.

A Bechelbronn, d'après M. Boussingault, l'Orge, pour parcourir le cercle complet de sa végétation, exigerait 92 jours avec une température moyenne de 19° centigrades.

Au domaine de Boukandoura (Algérie), nous avons constaté que la même céréale demandait 135 jours;

A Pompadour (Limousin), 118 jours;

A Fouilleuse (près Paris), 120 jours;

À Vincennes (Orge ordinaire), 109 jours ;
    —    (Orge venue d'Alten), 72 jours (du 7 avril au 18 juin).

L'Orge d'Alten, importée directement de ce pays à Vincennes, nous a donné une récolte en avance de 37 jours sur celle qui provenait de nos semences ordinaires.

Le Maïs a été l'objet d'une série d'expériences qui ont fourni des résultats analogues. Des graines de 24 variétés de cette plante ont été semées par le professeur Schübeler, à Christiania, du 22 au 25 mai ; 118 jours ont suffi, en moyenne, pour obtenir des épis mûrs ; avec les graines produites à Christiania depuis plusieurs générations, il a fallu moins de temps ; mais les semences tirées de pays méridionaux en ont exigé davantage ; le grand Maïs sucré de Philadelphie est celui qui a demandé le plus de jours de végétation pour mûrir ; il lui en a fallu 145. Le Tuscarora est venu ensuite. La durée de la végétation, à Christiania, des Maïs de diverses provenances se trouve indiquée dans le tableau suivant :

Semences tirées de :

Philadelphie (40° lat.), 145 jours de végétation.
Stuttgart    (48° 46'), 132    —
Inspruck    (47° 12'), 127    —
Auxonne    (47° 10'), 124    —
Galatz     (45° 27'), 124    —
New-York   (40° 32'), 117    —
Breslau    (51° 6'), 102    —

Les semences récoltées à Christiania n'ont demandé que de 90 à 110 jours pour donner des épis mûrs. Nous avons trouvé qu'à Solférino (landes de Gascogne) (lat. 43°), le Maïs avait besoin de 125 jours ; à Boukandoura, près d'Alger (36° 47'), 113 jours, et à Kingston (État de New-York), (41° 30' lat.), 122 jours. D'après M. Boussingault, il lui faudrait 153 jours de végétation en Alsace (lat. 47° 48'), avec une température moyenne de 16°.7 ; à Alais (lat. 44° 7'),

135 jours, avec une température moyenne de 22°.7 ; et 92 jours aux embouchures de la Madeleine (10° lat.), avec une température moyenne de 27°.5.

Donc, d'après les expériences de M. Schübeler, le Maïs (des mêmes variétés) arrive à maturité, dans les hautes latitudes, en moins de temps qu'en Alsace, que dans les landes de Gascogne, et qu'en Algérie même.

Des expériences faites sur de l'Avoine, des Pois, des Haricots et des graminées de prairie ont toujours donné des résultats analogues. (Voir le tableau n° 2, pages 200 et 201.)

Ce n'est pas là un avantage qui soit particulier au climat de Christiania ; en remontant vers le nord, la durée de la végétation est encore moindre qu'à Christiania, elle est d'autant moindre que le degré de latitude du lieu est plus élevé. Ce fait ressort non-seulement d'expériences faites avec soin pendant un certain nombre d'années, par les soins du professeur Schübeler et des collaborateurs qu'il a su intéresser à ses travaux et associer à ses observations sur beaucoup de points où il a constitué, avec leur aide, de véritables stations d'observations, mais il est encore prouvé par la pratique courante. L'instruction est très-répandue en Norvége; tout le monde y sait lire et écrire; on rencontre, parmi les cultivateurs et leurs fils, de bons observateurs, et il n'est pas rare de trouver, dans les fermes des paysans, des livres tenus avec soin et renfermant, pour chaque année, les comptes de recettes et de dépenses de l'exploitation rurale, les faits principaux de la culture et de nombreux détails sur les rendements, sur la température et sur l'époque des semailles et des moissons. Il existe des domaines qui ont ainsi trente et quarante années d'observations régulières.

Il y a quatre fermes qui possèdent chacune une longue série d'observations, relativement à la question qui nous occupe. Ces observations sont d'autant plus importantes que ces exploitations se trouvent dans des conditions comparables ; le sol y est à peu près de même nature ; l'altitude, l'exposition et la distance à la mer sont, à peu de chose près, semblables. Elles ne diffèrent que par leur position géographique et la température moyenne du lieu :

Ce sont : 1° La ferme de Halsnö (1), située à 59° 47′, latitude nord, et dont la température moyenne pendant l'année est de 6°.3.

2° La ferme de l'École d'agriculture de Bodö (2), située à 67°17, latitude nord, et dont la température moyenne de l'année est de 3°.6.

3° La ferme de Strand (3), située à 68°46′, latitude nord, avec une température moyenne de 2°.9.

4° La ferme de Skibotten (4), située à 69°28′, latitude nord. La température moyenne de l'année y est de 2°.3.

La durée moyenne de la végétation, comptée du jour des semailles au jour de la récolte, dans chacune de ces stations et calculée sur un grand nombre d'années, a été trouvée :

(1) A Halsuö, la température de l'année se répartit comme il suit, en degrés centigrades :

| Janv. | Févr. | Mars. | Avril. | Mai. | Juin. | Juill. | Août. | Sept. | Octob. | Nov. | Déc. |
|---|---|---|---|---|---|---|---|---|---|---|---|
| +0.1 | +0.2 | +1.8 | +4.4 | +7.6 | +12.2 | +13.5 | +13.4 | +11.1 | +7.2 | +3.0 | +1.3 |

*État du ciel (10 représentant l'état couvert et 0 la pureté complète du ciel).*

| Janv. | Févr. | Mars. | Avril. | Mai. | Juin. | Juill. | Août. | Sept. | Octob. | Nov. | Déc. |
|---|---|---|---|---|---|---|---|---|---|---|---|
| 6.8 | 7.1 | 5.6 | 6.0 | 5.6 | 5.5 | 5.3 | 5.8 | 6.5 | 6.1 | 6.7 | 6.8 |

Moyenne de l'année, 6.12, et de l'été, 5.5

(2) A Bodö, le climat est caractérisé de la manière suivante :

*Température en degrés centigrades.*

| Janv. | Févr. | Mars. | Avril. | Mai. | Juin. | Juill. | Août. | Sept. | Octob. | Nov. | Déc. |
|---|---|---|---|---|---|---|---|---|---|---|---|
| —2.4 | —3.2 | —1.9 | +1.7 | +4.8 | +9.4 | +12.5 | +12.2 | +8.8 | +3.8 | 0 | —2.2 |

*État du ciel.*

| Janv. | Févr. | Mars. | Avril. | Mai. | Juin. | Juill. | Août. | Sept. | Octob. | Nov. | Déc. |
|---|---|---|---|---|---|---|---|---|---|---|---|
| 6.4 | 5.1 | 6.3 | 6.9 | 6.7 | 6.8 | 7.9 | 6.4 | 7.1 | 6.8 | 6.3 | 5.8 |

Moyenne, 6.6

(3) Observations faites dans le voisinage de Strand (à Throndenes).

| Janv. | Févr. | Mars. | Avril. | Mai. | Juin. | Juill. | Août. | Sept. | Octob. | Nov. | Déc. |
|---|---|---|---|---|---|---|---|---|---|---|---|
| —3.1 | —3.0 | —2.9 | +0.5 | +3.6 | +9.1 | +12.2 | +11.3 | +5.0 | +2.6 | —0.8 | —2.5 |

Moyenne générale, +2.92

*État du ciel.*

| Janv. | Févr. | Mars. | Avril. | Mai. | Juin. | Juill. | Août. | Sept. | Octob. | Nov. | Déc. |
|---|---|---|---|---|---|---|---|---|---|---|---|
| 7.0 | 7.1 | 6.5 | 7.2 | 7.2 | 7.4 | 6.9 | 6.8 | 7.7 | 7.5 | 7.5 | 6.9 |

Moyenne générale, 7.15, celle de l'été est 7.0

(4) A Skibotten nous avons :

| Janv. | Févr. | Mars. | Avril. | Mai. | Juin. | Juill. | Août. | Sept. | Octob. | Nov. | Déc. |
|---|---|---|---|---|---|---|---|---|---|---|---|
| —6.2 | —6.9 | —4.9 | —0.8 | +5.2 | +11.5 | +13.0 | +12.7 | +6.3 | +1.6 | —3.2 | —5.7 |

Les observations sur l'état du ciel manquent.

|  | HALSNÖ (1). | BODÖ (2). | STRAND (3). | SKIBOTTEN (4). |
|---|---|---|---|---|
|  | Jours. | Jours. | Jours. | Jours. |
| Pour le Froment d'été de. | 133 | 121 | 115 | 114 |
| — Seigle d'été de. | 139 | 118 | 116 | 113 |
| — Orge à 4 rangs. | 117 | 102 | 98 | 93 |
| — — à 2 rangs. | 110 | 104 |  |  |
| — Avoine ordinaire. | 141 | 126 |  |  |
| — Féveroles. | 157 | 127 |  |  |
| — Vesces et Pois. | 129 | 118 |  |  |

(1) Voici les résultats constatés à Halsnö :

|  | Epoque des semailles. | Date de la récolte. | Durée totale de la végétation. |
|---|---|---|---|
| Avoine ordinaire.......... | 17 avril. | 4 sept. | 141 jours |
| — du Kamschatka..... | 22 — | 24 août. | 125 |
| Orge à quatre rangs......, | 26 — | 20 — | 117 |
| Orge de l'Himalaya....... | 27 — | 26 — | 122 |
| — de Jérusalem........ | 28 — | 22 — | 117 |
| — nue à deux rangs.... | 1er mai. | 18 — | 110 |
| — Népal (Hordeum trifurcatum)......... | 24 avril. | 20 — | 119 |
| — chevalier........... | 28 — | 28 — | 123 |
| Blé de mars ou d'été...... | 21 — | 31 — | 133 |
| Seigle d'été............. | 20 — | 8 sept. | 139 |
| Féveroles............... | 19 — | 22 — | 157 |
| Pois champêtre.......... | 27 mai. | 17 — | 114 |
| Vesces................. | 30 avril. | 5 — | 129 |

(2) À l'École d'agriculture de Bodö :

L'Orge à quatre rangs se sème le 15 mai et se récolte le 18 août.

| — deux | — | 17 | — | 20 — |
|---|---|---|---|---|
| Avoine ordinaire | — | 14 | — | 16 septembre. |
| Froment d'été | — | 15 | — | 13 au 14 sept. |
| Pois | — | 17 | — | 11 au 12 sept. |
| Féveroles | — | 17 | — | 22 sept. |

(3) À Strand, le Blé et le Seigle d'été se sèment du 25 au 30 mai et se récoltent du 16 au 20 septembre. L'Orge est semé les 2 et 3 juin et se récolte dans les premiers jours de septembre.

(4) À Skibotten, les céréales se sèment à peu près à la même époque qu'à Strand. Elles sont en épi, l'Orge dans la dernière semaine de juin, le Froment et le Seigle dans la première semaine de juillet. Il n'est pas rare qu'à la fin de mai le sol soit encore couvert de neige ; on s'y est vu dans la nécessité de semer les Orges le 20 juin, et le 4 septembre elles étaient rentrées ; c'est-à-dire après soixante-seize jours de végétation.

L'Orge exige donc, à Halsnö, 19 jours, et le Seigle d'été 23 jours de plus qu'à la ferme de Strand, pour donner leur récolte. La végétation, d'après cela, serait favorisée pour l'Orge, à raison de 2 jours par degré de latitude, en avançant vers le nord, et de 2 jours 1/2 (2.55) pour le Seigle d'été ; l'avance, pour l'Avoine, serait de 1 jour 2/3 par degré de latitude, et de 1 jour 1/3 pour le Blé de mars.

En comparant les durées de la végétation des mêmes plantes cultivées à l'École de Bodö et à la ferme de Skibotten, on trouve des rapports sensiblement égaux.

Plus au nord, la culture régulière n'existe plus qu'exceptionnellement, et seulement dans les localités les mieux abritées. Tel est le cas du district d'Alten, situé sous le 70ᵉ degré de latitude, au fond d'un beau fjord qui porte le même nom. On y cultive l'Orge avec profit ; nous verrons plus loin dans quel but. Cette céréale, semée dans la deuxième quinzaine de juin, du 15 au 20 généralement, arrive à maturité en 80 ou 86 jours ; parfois, 76 jours lui suffisent pour parcourir le cercle complet de son évolution ; on en a même récolté 55 et 60 jours après la semaille, mais cela est exceptionnel et se produit quand les banquises du nord sont très-rares et ne viennent pas refroidir les eaux du Gulf-Stream.

Mais, à part quelques situations jouissant d'un climat relativement doux, grâce aux abris naturels qu'elles possèdent (1), la culture devient très-précaire dans ces hautes latitudes ; la température moyenne de l'année tombe à zéro, et au-dessous, celle des quatre mois les plus chauds n'atteint pas 10 degrés. La terre, profondément gelée, ne se laisse entamer par les instruments qu'à partir du 15 juin ; de ce

_______

(1) L'influence des abris est parfois considérable dans les hautes latitudes. Ainsi c'est à eux qu'on doit de trouver, et ce n'est pas sans surprise, sur les belles rives du golfe de Drontheim (64ᵉ parallèle) une végétation vraiment remarquable et des arbres fruitiers qui ne viennent même pas dans le nord de l'Allemagne, c'est-à-dire à 10ᵉ de latitude plus au midi ; on y récolte d'excellentes Cerises, de belles Reinettes et de bonnes Noix.

moment à la fin de juillet il règne un vent froid, et le ciel
est fréquemment couvert. L'Orge et l'Avoine n'arrivent plus
à donner d'épis; on ne les sème que pour en obtenir du
fourrage; on cultive la Spergule pour le même objet; des
Choux (Brassica oleracea cephala), des Navets (Brassica rapi-
fera), des Pommes de terre, l'Ail, le Quinoa (Chenopodium
quinoa), sont les seuls légumes qu'on trouve dans les jar-
dins; l'unique arbuste qui y donne des fruits est une sorte de
Framboisier sauvage (Rubus chamemorus). La flore n'y com-
prend qu'un petit nombre de plantes (200 espèces à peine).
Le Bouleau et le Peuplier tremble, seuls arbres qu'on y
rencontre, ne dépassent plus 30 à 40 centimètres de dia-
mètre. On trouve encore çà et là, dans le fond des meilleures
vallées, des prairies naturelles; ailleurs ce sont de maigres
pâtures, où à la disette des bonnes plantes se joignent,
pour le tourment du bétail, les attaques de myriades de
moustiques; les prés sont constitués surtout de Carex,
de Joncs, de Mousses et de Lichens (1). Ils ne sont fau-
chables qu'au milieu du mois d'août, et pour les entretenir, ou mieux, pour les empêcher de disparaître, il faut
non-seulement, chaque année, en réchauffer le sol à l'aide
de copieuses fumures provenant de fumier et de débris de
poissons, mais leur appliquer des composts de tangues et
d'herbes marines, afin de détruire les mousses qui les en-

(1) Voici les plantes qui entrent dans la composition de ces prairies :

| | |
|---|---|
| Achillea millifolium. | Festuca rubra. |
| — ptarmica. | Juncus filiformis. |
| Agrostemma Githago. | Phleum alpinum. |
| Agrostis spicaventi. | Plantago major. |
| — stolonifera. | Poa alpina, annua, pratensis, Sero- |
| Aira cespitosa. | tina, nemoralis, etc. |
| — flexuosa. | Rhinanthus cristagalli. |
| Allium sibericum. | 1 Ranunculus. |
| Capsella bursa pastoris. | 3 Rumex. |
| Cardamine pratensis. | Et 37 espèces de Carex (alpina, ca- |
| Lymus arenarius. | pillaris, gloriosa, Lagopina, utilis, |
| Festuca ovina. | vulgaris, Norvegica, Boralis, etc.) |

vablissent continuellement à la faveur des rigueurs de l'hiver, et des neiges qui les recouvrent pendant huit mois de l'année. Par contre, une fois partie, et cela arrive vite dans ces contrées où l'été succède sans transition à l'hiver, la végétation marche avec une rapidité merveilleuse ; à peine débarrassée de l'épais manteau de neige qui la recouvrait, la prairie est déjà verte ; on ne la voit pas, on l'entend pousser, dit-on, dans le pays. Au bout de 60 ou 70 jours l'herbe est bonne à être fauchée.

## III.

De l'ensemble des observations qui précèdent, il ressort clairement que la durée absolue de la végétation des plantes cultivées va en diminuant à mesure qu'on s'avance vers les pôles.

Ce fait provient-il de la nature des variétés de végétaux cultivés aux différentes latitudes ? Est-il inhérent à l'espèce végétale, ou est-il la conséquence immédiate du climat ?

Si l'on s'en tenait à une observation superficielle, on serait tenté d'admettre la première supposition et d'attribuer, par conséquent, l'avance de la végétation, dans le nord, à la précocité des variétés de plantes qui y sont cultivées. En effet, que l'on prenne de l'Orge d'Alten (70 degrés de latitude), qu'on la transporte à Christiania (60 degrés de latitude), ou à une latitude intermédiaire, et qu'on l'y sème, on constate que les plantes en provenant arrivent à maturité à peu près dans le temps qui leur est nécessaire sous le 70ᵉ parallèle, c'est-à-dire trois ou quatre semaines plus tôt que les Orges du pays.

*Vice versâ*, si, comme l'a fait le professeur Schübeler, on importe à Christiania des semences tirées du 40ᵉ au 50ᵉ degré de latitude, on remarque que la récolte qui en provient arrive à maturité au 60ᵉ parallèle beaucoup plus tard que les plantes du pays même ; la plante s'y développe à peu près dans le même temps que dans son pays d'origine.

Mais si, poursuivant l'expérience, on sème l'Orge de la récolte provenant des semences d'Alten, qu'on sème les graines
de cette deuxième récolte, qu'on opère ainsi pendant plusieurs années sans renouveler la semence, on remarque bien
vite que l'avance des végétaux provenant d'une importation de
semences du Nord va en diminuant à chaque nouvelle récolte,
de telle sorte qu'à la quatrième génération, quelquefois à la
troisième, quelquefois aussi à la cinquième, il n'existe
plus de différence entre les plantes en provenant et celles
du pays. Les semences locales et les semences tirées origi-
nairement du Nord donnent, en un mot, après quatre ou
cinq années de culture, des plantes qui exigent le même
temps pour arriver à maturité.

Le même fait se produit inversement et de la même manière pour les semences provenant du Sud; le retard de la
moisson disparaît peu à peu, régulièrement après chaque
génération. Le professeur Schübeler (1) l'a constaté par de
nombreuses expériences, ainsi que le Dr Arrhenius, direc-
teur de l'Académie royale d'agriculture de Suède, en opé-
rant sur des Pois, des Fèves et du Trèfle, dont les semences
avaient été tirées de l'Allemagne et du Danemark. Nos
propres recherches à la ferme de Vincennes nous ont fourni
des résultats confirmant ceux que nous venons de citer;
des semences de Blé, de Seigle, d'Avoine et d'Orge tirées du
nord de la Norvége et de la Suède nous ont donné sur les
cultures ordinaires des avances considérables; nous avons

---

(1) Des graines de Maïs importées de Hohenheim près Stuttgart (48° 56'),
et semées à Christiania, le 26 mai, ont produit des épis mûrs le 22 septembre; la durée de la végétation a donc été de 120 jours.

Les graines de la récolte, semées, l'année suivante, dans les mêmes conditions et à la même époque, ont donné des épis mûrs au bout de
114 jours.

Les graines de cette deuxième récolte, semées de nouveau de la même
façon, ont donné des épis mûrs au bout de 108 jours.

Au bout de 5 ans, les plantes de ces graines fournissaient leurs épis
mûrs en 90 jours, c'est-à-dire dans le même temps que les semences de
Maïs quarantain cultivées depuis de longues années à Christiania.

vu un Blé, de cette provenance, mûrir 29 jours avant notre Blé de mars. L'avance moyenne a été de 15 à 25 jours la première année pour toutes les céréales, la deuxième année elle était encore considérable quoiqu'un peu moindre ; la destruction de notre champ d'expériences, en 1870, ne nous a pas permis malheureusement de continuer ces intéressantes études.

Donc, la rapidité de la croissance des végétaux dans le Nord ne dépend pas de la variété des plantes cultivées, elle est la conséquence du climat, elle n'est inhérente au végétal que pendant un temps limité.

Quoique cette propriété des végétaux du Nord ne dure que peu de temps, elle n'en est pas moins mise largement à profit par les agriculteurs suédois et norvégiens : gagner quelques jours sur l'époque habituelle de la moisson n'est jamais, en effet, chose indifférente ; elle ne l'est pas surtout dans les contrées où le climat est rude, où les gelées arrivent dès le mois de septembre et empêchent parfois le grain de parvenir à maturité. Or, une semence qui donne plus vite ses épis et permet à ceux-ci d'avoir tout le temps nécessaire pour mûrir avant l'arrivée des froids, suffit pour assurer une récolte qui, autrement, serait toujours menacée, et souvent compromise par les frimas ; avec des plantes peu hâtives, le cultivateur est exposé sans cesse à récolter, au lieu de grains, un mauvais fourrage. Aussi les céréales des hautes latitudes, et surtout les Orges d'Alten, sont-elles très-recherchées dans toute la Norvége pour les semailles. Avec elles, la moisson se fait la première année, à Christiania, de vingt à trente jours plus tôt qu'on ne l'obtiendrait avec les grains du pays ; pendant les années suivantes, nous le répétons, l'avance va en diminuant ; et, au bout de trois ou quatre ans, il faut aviser à renouveler la semence.

Au 60° degré de latitude, le seul point du Groënland qui soit cultivable sur cette immense terre, on est aussi obligé de tirer les semences directement d'Alten. Les Orges de même variété, venues du 68° degré de latitude et au-dessous, ne conviennent plus ; elles donnent des épis, mais ceux-ci ne peuvent donner du grain. Les froids arrivent avant l'évolution complète de la plante, et on ne récolte que de la paille gelée. De même, en Islande, les cultivateurs sont forcés de faire venir toutes leurs semences de céréales des parages d'Alten et du littoral de la mer Blanche, et de les renouveler tous les deux ou trois ans s'ils veulent récolter des grains.

On sait enfin que les Orges du Jemtland et d'Haparanda (66° lat.) prennent, dans les districts méridionaux de la Suède, un développement beaucoup plus hâtif que les Orges de la Scanie, et on met largement à profit cette propriété dans cette contrée.

Les districts les plus septentrionaux de la Norvége étant les pourvoyeurs en semences des provinces méridionales, celles-ci les approvisionnent, en échange, de leurs céréales pour les besoins de la consommation locale. On conçoit, dès lors, que la destruction ou la non-réussite d'une récolte dans le nord soit considérée en Norvége comme une vraie calamité. La subsistance de la population peut toujours être aisément assurée, mais la reconstitution des semences propres aux hautes latitudes offre des difficultés sérieuses. Les céréales du Sud qui y sont transportées ne s'y acclimatent pas ; leur évolution ne se fait pas avec une vitesse suffisante pour réussir. Les semences de Christiania, introduites à Alten, donnent des plantes qui n'arrivent pas à maturité ; celles-ci forment bien leurs épis, mais le froid des nuits vient les saisir avant la formation du grain. Ce n'est qu'à grand'peine, au bout de plusieurs années seulement, après plusieurs générations, qu'on arrive à obtenir des semences qui, ayant gagné, chaque année, plusieurs jours, arrivent à être acclimatées, c'est-à-dire à donner des plantes mûrissant dans le temps normal très-court que le climat offre pour le développement du végétal.

En pratique, on n'introduit pas brusquement des semences des environs de Christiania dans les hautes latitudes, parce qu'on échouerait toujours ; on en prend, s'il est possible, dans les latitudes intermédiaires ; pour Alten, on les prend aussi près qu'on peut dans des régions situées près du 70ᵉ parallèle.

Si on n'en trouve pas, que le mal se soit fait sentir au loin, il faut opérer par étape, en quelque sorte. On transporte la semence à 4 ou 5 degrés de latitude plus au nord que le lieu de provenance ; la graine y est cultivée pendant deux, trois ou quatre ans ; la semence acquiert pendant ce temps la hâtiveté propre à la latitude du lieu. Les grains ainsi obtenus sont transportés à 4 ou 5 degrés de latitude plus au nord, et cultivés comme on l'a fait dans la première localité : le végétal gagne une nouvelle avance. On va ensuite plus au nord, et ainsi de suite jusqu'au 70ᵉ degré. Dans chaque station, la plante gagne une avance de plusieurs jours, de sorte qu'elle arrive à destination de proche en proche, avec les qualités voulues pour résister au climat des plus hautes latitudes et pour y donner du bon grain dans le temps disponible.

Il est donc hors de doute que les plantes cultivées possèdent et peuvent acquérir, sous l'influence des conditions spéciales aux hautes latitudes, des qualités qui favorisent la rapidité de leur développement ; les cultures aux grandes altitudes jouiraient des mêmes avantages de précocité.

## IV.

Le professeur Schübeler a fait de nombreuses recherches pour savoir si la hâtiveté dans le développement des plantes est le seul changement dû à l'influence de la latitude ; à l'aide de nombreuses expériences instituées dans les terrains du Jardin botanique de Christiania, ce savant a constaté (voir les tableaux 1 et 2) que les graines obtenues de semences tirées des pays situés au sud de la Norvége augmentent en poids et en grosseur. L'augmentation est encore plus grande si on les cultive plus au nord ou à des altitudes plus grandes.

Les graines diminuent en poids et en volume quand les semences provenant du nord sont semées dans une contrée méridionale.

L'expérience de trente années de pratique du chef du Jardin botanique de Christiania ne laisse aucun doute à cet égard ; les semences *du Danemark, de l'Allemagne ou de France* ont toujours donné des graines plus grosses et plus lourdes qu'elles-mêmes à Christiania.

D'après les analyses qui ont été faites, ce sont les hydrates de carbone qui se forment avec le plus d'abondance dans les tissus des grains et des végétaux en Norvége. Ces principes s'y développent beaucoup plus que les matières azotées.

La couleur des grains devient plus foncée sous le climat de la Norvége ; ainsi, les Blés blancs à teint clair brunissent; à chaque génération, la nuance devient plus rouge ; après quatre années de culture, il n'y a plus de différence d'aspect avec les grains du pays. Le professeur Schübeler a constaté ces effets sur de nombreuses variétés importées des États-Unis et du sud de l'Europe. Pour les Haricots, le changement est encore plus marqué. Les variétés blanches deviennent jaunes, brunes ou vertes ; dans les espèces blanches très-légèrement tachetées de noir, les taches augmentent peu à peu, à mesure qu'on remonte vers le nord, à ce point que la graine, qui est presque complétement blanche, avec un tout petit point noir ou brun, en Allemagne, devient, au 66°, complétement noire ou brune. Le musée de l'Université de Christiania offre de très-beaux et nombreux échantillons de graines qui montrent les changements successifs.

Plus on avance vers le nord, plus les feuilles des végétaux des mêmes variétés grandissent en même temps que la coloration verte du tissu devient plus foncée ; c'est ce que montre la comparaison des arbres et arbrisseaux, tels qu'Épines, Bouleaux, Platanoïdes et Aulnes qui existent à

Christiania (59° lat.), à Trondjem (63° 40') et à Tromsoé (69° 40' lat.).

Dans les provinces septentrionales, les tiges et les feuilles de Pommes de terre sont plus foncées que dans les districts méridionaux. J'en ai été frappé en arrivant en Scandinavie, après avoir traversé en quelques jours une partie de la France, toute l'Allemagne et le Danemark.

Ce n'est pas tout : la couleur des fleurs des plantes de même espèce et de même variété devient plus intense dans les stations septentrionales. Le fait ressort très-nettement de l'observation des fleurs des principales plantes, quand on parcourt rapidement cette grande contrée. L'examen des herbiers des environs de Christiania (59°) et des localités situées plus au nord, et surtout des collections des îles Lofoden (68° 7'), ne laisse aucun doute à cet égard.

On trouve à différentes latitudes, en Norvége, toute la flore des plus hautes régions des Alpes ; on y rencontre les mêmes plantes, avec leur brillant coloris ; on en voit qui, de blanches, ont pris des teintes plus ou moins vives ; ainsi, près de Bergen, l'*Achillea millefolium* a une belle fleur rouge ; la fleur blanche du *Lychnis serpentina* est, dans le nord, rouge clair. Les fleurs jaune clair de l'*Anthemis tinctoria* et du *Senecio jacobæa* de nos contrées ont en Norvége une belle teinte rouge d'or ou orange. La fleur de la Gentiane prend à Drontheim (64°) une coloration d'un bleu si foncé qu'on a peine à la reconnaître.

Les principes aromatiques des plantes se développent aussi d'une manière remarquable dans les hautes latitudes. Les légumes, le Céleri, le Raifort, l'Ail, le Persil, le Cerfeuil, l'Oignon et autres plantes analogues ont une saveur d'autant plus forte, plus prononcée en Norvége, qu'on s'avance davantage vers le nord. Quand on arrive dans ces régions, on est frappé de la saveur très-forte et caractéristique des légumes ; on a de la peine à s'y habituer, et cependant les doses de légumes et de plantes aromatiques en usage pour la confection du bouillon sont les mêmes, et souvent moindres, que dans nos contrées ; aussi, les cuisiniers de France ou d'Allemagne qui s'établissent à Stockholm ou à Christiania sont-ils obligés de changer totalement leurs habitudes pour les préparations culinaires.

À Drontheim (64°), la richesse des végétaux aromatiques est plus grande qu'à Christiania (59°), elle l'est encore plus à Alten (70°).

C'est dans le district d'Alten que se récoltent les graines de Cumin (*Carum carvi*) les plus odorantes, et par suite les plus renommées de l'Europe. Il s'en exporte actuellement plus de 250,000 kilogr. par an. L'analyse chimique a prouvé que les graines de Cumin croissant spontanément à Alten renferment 5.8 pour 100 de l'huile essentielle, qui donne à ces graines leurs propriétés caractéristiques, tandis que les graines récoltées au 59° degré de latitude n'en contiennent que 5. Celles de la Hollande (52° lat.) et de la Russie centrale sont notamment plus faibles encore : elles ne dosent pas plus de 4 à 4.5 pour 100 de principe aromatique.

La Menthe poivrée, que les Anglais ont essayé d'introduire dans leurs îles, n'atteint pas chez eux la moitié du développement de celle qui croît en Norvége, et son rendement en essence est moitié de celui de la Menthe des districts septentrionaux de la Scandinavie.

Le Marrube, qui est presque sans saveur au 30° degré de latitude, devient âcre et amer en Norvége ; de même encore, la Lavande de Throndjem est considérablement plus odorante que celle de Christiania, comme j'ai pu m'en assurer aisément sur plusieurs échantillons ; l'analyse a démontré, d'autre part, que celle-ci est encore plus riche en essence que la Lavande anglaise, qui est cependant notablement plus forte que celle qui croît dans nos départements méridionaux. Par contre, la production du sucre dans les tissus des végétaux est beaucoup moindre dans les régions très-septentrionales que dans les contrées du sud. Il faut évidemment, pour cette sorte de produit, une somme de chaleur plu forte que n'en peut fournir le soleil aux latitudes septentrionales. La production économique du sucre appartient donc aux régions chaudes et tempérées.

Pour les alcaloïdes organiques, il n'en est plus de même. Leur dose va en augmentant, en avançant vers les hautes latitudes ; ainsi, le Tabac cultivé en Norvége et dans les environs de Stockholm est plus fort, et renferme plus de nicotine que le Tabac produit dans le Jutland et en Allemagne ; aussi ne peut-on en employer les feuilles qu'en coupage avec les Tabacs plus doux du Sud.

### V.

A quelle cause peut-on attribuer tous les faits qui viennent d'être cités, et plus particulièrement la rapidité de la croissance des végétaux dans les régions septentrionales ?

M. Schübeler, et avec lui d'illustres physiciens, n'hésitent pas à attribuer à l'action prolongée de la lumière solaire l'avance que présentent, pour arriver à maturité, les végétaux cultivés dans le nord.

Analysons les termes de la question.

« Travailler, a dit Poncelet dans son *Introduction à la Mécanique industrielle*, c'est vaincre ou détruire des résistances, sans cesse renouvelées, telles que la force d'adhérence des molécules d'un corps, l'inertie de la matière, la force de la pesanteur. »

La plante qui, pour former ses tissus, décompose de l'eau, de l'acide carbonique, des combinaisons azotées et des matières minérales, travaille donc ; c'est, ainsi que nous l'avons déjà dit, un véritable outil qui sert à fabriquer de la matière végétale, à l'aide de certains corps contenus dans l'atmosphère, le sol et les engrais.

La force mise en jeu dans ce travail, c'est la chaleur solaire ; la résistance à vaincre est celle qu'opposent les molécules de carbone, d'oxygène, d'hydrogène, d'azote, etc., à se séparer de leurs combinaisons et à se réunir d'après un nouvel arrangement pour former les principes constituants du végétal dans son état complet de développement. Cette résistance est constante pour les mêmes plantes de même espèce, de même variété, puisque la plante développée et mûre représente la même somme de décomposition et de combinaison des mêmes molécules, toutes choses étant égales d'ailleurs. Mais la force agissante est variable ; son intensité varie d'un lieu à un autre, comme la température. Plus celle-ci sera grande, plus le travail de la plante sera grand aussi.

D'un autre côté, nous savons que cette force n'agit que sous l'influence de la lumière solaire. De même que la poudre, pour produire son effet, a besoin d'une étincelle qui l'enflamme, de même l'action endo-thermique de la plante ne se produit qu'au contact d'un rayon de soleil. Depuis longtemps, en effet, les plus savants physiologistes nous ont appris que l'acide carbonique n'est décomposé et le carbone fixé dans de nouvelles combinaisons par le végétal qu'en présence de la lumière solaire. La quantité d'acide carbonique décomposé et de carbone assimilé sera évidemment d'autant plus grande que la plante, pouvant puiser continuellement dans le grand réservoir de l'atmosphère et de la terre, sera soumise un temps plus long à l'influence de la lumière solaire, ou que le soleil restera plus longtemps au-dessus de l'horizon.

Il suit de là que le travail dynamique du végétal (ou sa quantité d'action journalière) sera proportionnel à la température et à la durée du jour dans chaque lieu, et que le travail total produit par la plante pendant toute la durée de son évolution, pour arriver à maturité, peut être représenté par le produit

$$T^\circ \times s$$

dans lequel $T$ indique la température moyenne du jour pendant toute la durée de la végétation, et $s$ le temps pendant lequel le soleil reste au-dessus de l'horizon.

Ce facteur *s* ne doit pas être exprimé en jours, puisque, comme on le sait, les jours ne sont nullement égaux aux diverses latitudes. Ils sont de 12 heures à l'équateur, tandis qu'aux pôles le soleil reste six mois au-dessus de l'horizon. A la latitude de Paris, le jour dure, en moyenne, 14 heures 1/2 pendant la période de la végétation. A Christiania, durant la période correspondante, le soleil reste, chaque jour, au-dessus de l'horizon pendant 17 heures et demie en moyenne, à Bodö (67°17′ lat.) pendant 20 heures 1/2, pendant 21 heures 1/2 à Strand (68°46′ lat.), et 22 heures à Skibotten (69°28′). A Alten (70°), le soleil ne se couchant pas pendant toute la durée de la végétation, le travail de la plante est incessant, sans arrêt, puisque les rayons solaires y déterminent sans discontinuité l'assimilation du carbone.

Le temps consacré au travail par la plante doit donc être exprimé à l'aide d'une unité autre que le jour ordinaire. Il doit être, comme en mécanique, compté en secondes. Toutefois, comme, dans l'état de la question, la précision absolue n'est pas possible, à cause des difficultés de la détermination mathématique de la température et de la durée de la végétation, on peut se contenter de chercher la valeur de *s* en heures.

La résistance à vaincre pour amener un végétal de l'état de graine à l'état de plante mûre étant, pour la même plante, toujours égale, ainsi que nous l'avons dit plus haut, le travail pour la vaincre sera aussi le même, et on arrive alors à la formule

$$A = T^{\circ} \times s$$

dans laquelle A est un nombre constant pour chaque variété de plante.

Il suit de là que, si la température moyenne du lieu vient à diminuer, *s*, ou la durée du travail de la végétation, doit augmenter, et réciproquement.

Cette déduction semble en opposition manifeste avec les faits de l'observation, puisqu'il a été constaté que les plantes

de même famille et de même variété, semées à diverses latitudes, arrivaient en d'autant moins de jours à maturité qu'on
s'avançait davantage vers le nord. Cette contradiction n'est
qu'apparente : *s* ne représente pas dans la formule la durée
absolue de la période de végétation ; elle indique la durée
d'élaboration des tissus sous l'influence de la lumière solaire.

Si nous cherchons ce dernier élément en calculant le
nombre d'heures pendant lequel la plante est soumise à
l'action du soleil, et, par conséquent, travaille, dans
l'expression propre du mot, nous trouvons que le **Froment**
a employé, pour arriver à maturité :

1,996 heures de travail au 48e 1/2 degré de latitude, en Alsace,
avec une température moyenne de 15°.

1,795 heures à Christiania, 59e degré de latitude (température
moyenne, 15°.4).

2,187 heures de travail au 59e 1/2 degré de latitude, à Halsnö,
avec une température moyenne de 13°.

2,376 heures de travail au 67e degré de latitude, à Bodö, avec une
température moyenne de 11°.3.

2,472 heures de travail au 68e degré de latitude, à Strand, avec
une température moyenne de 10°.9.

2,486 heures de travail au 69e degré 28' de latitude, à Skibotten,
avec une température moyenne de 10°.7.

Pour l'Orge, nous trouvons :

1,416 heures de travail, en Alsace, au 48e 1/2 degré de latitude.

1,620 heures de travail, à Christiania, au 59e degré de latitude,
avec une température moyenne de 15°.5.

2,035 heures de travail, à Halsnö, au 60e degré de latitude, avec
une température moyenne de 11°.7.

2,095 heures de travail, à Bodö, au 67e degré de latitude, avec
une température moyenne de 11°.

2,138 heures de travail, à Skibotten, au 69e degré de latitude,
avec une température moyenne de 10°.7.

1,824 heures dans la même localité, avec 12°.7 de température
moyenne.

Pendant la période végétative de l'Orge, la température
moyenne diffère peu entre Halsnö, Bodö et Skibotten, elle

oscille entre 10°.7 et 11°.3. A Christiania, elle est plus élevée; elle est de 15°.5. En Alsace, elle monte à 19° en moyenne.

Le Seigle a exigé :

A Rambouillet (48° 38'), 2,088 heures de jour ou de travail (10 mars au 31 juillet), avec une température moyenne de 14°.
A Halsnö (59°), 2,375 heures de jour ou de travail, avec une température moyenne de 11°.5.
A Bodö (67°), 2,407 heures de jour ou de travail, avec une température moyenne de 11°.3.
A Strand (68° lat.), 2,576 heures de jour ou de travail, avec une température moyenne de 10°.

Pour l'Avoine, on trouve :

2,030 heures de travail à Rambouillet (température de 14°).
1,928 heures de travail à Vincennes (température de 15°).
2,372 heures de travail à Halsnö (température de 11°.5).
2,625 heures de travail à Bodö (température de 10°).

Pour le Maïs :

1,769 heures de jour en Alsace (48° 44 lat.).
1,750 heures de jour dans les landes de Gascogne.
1,669 heures de jour à Boukandoura, près Alger (36° lat.).
1,634 heures de jour à Zupia (10° lat.).
1,749 heures de jour à Christiania (60° lat.).

On voit donc : 1° que la plante-outil, pour former son produit, exige dans le nord moins de temps absolu, mais un plus grand nombre d'heures de travail que dans les régions méridionales ; 2° que le nombre d'heures croît à mesure qu'on s'avance vers le nord et que la température va en diminuant : quand la température moyenne est à peu près égale, la durée du travail est sensiblement égale aussi, même à des latitudes différentes, ce qui prouve l'exactitude de la formule donnée plus haut.

Les écarts que nous venons de constater dans la durée du travail des végétaux pour arriver à maturité aux diverses latitudes seraient plus grands, si nous faisions entrer dans le calcul le nombre d'heures de crépuscule appartenant à chaque latitude, par la raison que les crépuscules sont beaucoup plus longs dans le nord que dans le midi ; ils sont tels qu'il n'existe pour ainsi dire plus de nuit déjà à Christiania pendant une partie de la période de la végétation, et que le jour est presque continuel pendant l'été, à partir du 66° degré.

Mais cet accroissement du nombre d'heures de travail compense-t-il dans le nord la diminution de la température ? S'il en est ainsi, nous devrons trouver pour le produit $T° \times s$ un nombre constant pour chaque variété de plante. Or, le calcul nous donne les chiffres suivants :

### Culture du Blé de printemps.

29,900 en Alsace (48 1/2 de lat.).
29,815 à la ferme de Rambouillet (48 1/2 de lat.).
27,643 à Christiania (59° 9' de lat.).
28,431 à Halsnö (59 1/2 de lat.).
26,848 à Bodö (67° de lat.).
26,944 à Strand (69° de lat.).
26,600 à Skibotten (70° de lat.).

### Culture de l'Orge.

26,900 en Alsace.
26,536 à Fouilleuse et à Vincennes.
25,125 à Christiania.
23,809 à Halsnö.
23,045 à Bodö.
23,000 à Strand.
22,876 à Skibotten pour l'Orge venue en 93 jours avec une température moyenne de 10°.5.
23,163 même localité pour l'Orge venant après 76 jours de végétation et une température moyenne de 12°.7.

### Culture du Seigle.

29,146 à Rambouillet.
27,312 à Halsnö.
27,199 à Bodö.
25,760 à Strand.

*Culture de l'Avoine.*

28,420 à Rambouillet.
28,920 à Vincennes.
27,278 à Halsnö.
26,250 à Bodö.

*Culture du Maïs.*

35,380 en Alsace.
35,000 à Solferino (landes de Gascogne).
35,049 à Boukandoura (Algérie).
35,131 à Zupia.
27,047 à 32,000 à Christiania.

Ces chiffres, qu'on pourrait désigner sous le nom d'*unités thermiques de végétation,* diffèrent réellement peu entre eux, et on est en droit de se demander si les écarts qu'ils présentent ne proviennent pas d'erreurs d'observation, d'erreurs dans la supputation du nombre exact d'heures de travail et de la quantité de chaleur reçue par la plante pendant toute la période de la végétation. Ces erreurs sont possibles et même faciles à commettre quand on songe aux difficultés de la détermination rigoureuse des éléments entrant dans le calcul et aux actions multiples intervenant dans les phénomènes de la végétation, comme l'humidité de l'air et du sol, l'état de couvert du ciel, la nature et les propriétés du terrain, l'état de fertilité de la terre, etc., etc.

Ce qui porterait à croire qu'il en est ainsi, c'est qu'il existe des écarts tout aussi grands non-seulement d'une variété à l'autre, mais encore pour la même plante d'une année à l'autre ; pour s'en convaincre il n'y a qu'à jeter les yeux sur le tableau ci-dessous, que nous avons déduit des expériences faites à Christiania, par le professeur Schübeler, dans des conditions parfaitement identiques, pour déterminer la durée en jours du développement complet de plusieurs variétés d'Orges, depuis le jour de la semaille jusqu'au moment de la récolte ; seulement nous avons élargi le cadre de l'expérimentateur, nous avons introduit ce qu'il n'a pas fait, la véritable notion du temps consacré par la plante, sous l'influence directe des rayons de soleil, à l'élaboration de ses principes constituants et à la formation de ses tissus. En appliquant la formule donnée plus haut, nous sommes arrivé aux résultats suivants :

| VARIÉTÉS CULTIVÉES. | ANNÉE 1867. Semailles du 27 mai. | | ANNÉE 1868. Semailles du 14 mai. | | ANNÉE 1869. Semailles du 25 mai. | |
|---|---|---|---|---|---|---|
| | Nombre d'heures de travail de la plante sous l'action directe du soleil, du jour de la semaille à celui de la récolte. | Quantité de chaleur (ou d'unités thermiques) employée par la plante ($T^o \times s$). | Nombre d'heures de travail de la plante sous l'action directe du soleil, du jour de la semaille à celui de la récolte. | Quantité de chaleur (ou d'unités thermiques) employée par la plante, du jour de la semaille à celui de la récolte ($T^o \times s$). | Nombre d'heures de travail de la plante sous l'action directe du soleil, du jour de la semaille à celui de la récolte. | Quantité de chaleur (ou d'unités thermiques) employée par la plante, du jour de la semaille à celui de la récolte ($T^o \times s$). |
| Orge Chevalier. | 1,619 | 25,621 | 1,822 (1) | 27,330 (1) | 1,532 | 22,746 |
| — de Jérusalem. | 1,561 | 24,195 | » | » | 1,518 | 23,498 |
| — Annat. | 1,561 | 24,195 | 1,822 | 27,330 | 1,518 | 23,498 |
| — Phœnix. | 1,543 | 23,916 | 1,575 | 24,412 | 1,241 | 19,483 |
| — Népal. | 1,593 | 24,691 | 1,690 | 25,350 | 1,532 | 23,746 |
| — noire d'Abyssinie. | 1,593 | 24,691 | 1,673 | 25,110 | 1,390 | 21,823 |
| — à grain nu. | 1,593 | 24,691 | 1,657 | 24,885 | 1,390 | 21,823 |
| — paon (Hordeum Zeocriton). | 1,619 | 25,621 | 1,690 | 25,590 | 1,562 | 24,211 |

(1) On remarque que les semailles du 14 mai exigent beaucoup plus de temps que celles du 25 et du 27 mai; cela s'explique facilement : le 14 mai, le sol est encore très-froid, il est à peine dégelé; les nuits sont froides et les gelées fréquentes; la température de l'air est, à ce moment, à peine de 9 degrés centigrades; elle est, pour tout le mois d'avril, de 3°.8, et, pour celui de mai, de 9°.9. A partir du commencement de juin, la température s'élève beaucoup : elle atteint près de 15 degrés en moyenne. Il s'ensuit que le développement réel de la plante ne doit guère commencer que dans les derniers jours de mai.

D'après ces chiffres, on peut être porté à croire que le développement du végétal est dû à l'action calorique émanée du soleil, et que la lumière solaire n'intervient ici que comme elle le fait dans le mélange de chlore gazeux et d'hydrogène, ou encore à la manière dont l'étincelle électrique agit pour déterminer la combinaison de l'oxygène avec l'hydrogène et produire de l'eau.

Cette conclusion paraît, d'ailleurs, conforme aux idées émises par notre illustre maître, M. Boussingault ; elle confirme pleinement même, en la modifiant seulement dans l'un de ses termes, la formule qu'il a donnée de la relation du temps et de la température nécessaires au développement complet de la plante.

Le champ, toutefois, reste encore ouvert sur ce point aux investigations ; nous n'avons voulu, aujourd'hui, que donner quelques aperçus nouveaux sur la question et montrer l'utilité d'instituer de nouvelles recherches sur un plus grand nombre de points, et la nécessité de les coordonner pour pouvoir en tirer des conclusions définitives.

## VI.

Quoi qu'il en soit, il ressort, de l'ensemble des considérations qui précèdent, ce fait important que les plantes cultivées dans les hautes latitudes sont douées d'une activité de végétation bien plus grande que celles des pays méridionaux, puisque, transportées vers le Sud, leurs semences donnent leur récolte beaucoup plus tôt que celles du pays. Ce fait prouverait que, pour produire le même effet utile, les plantes dépensent sensiblement moins de force dans les régions septentrionales que dans le Midi ; qu'elles utilisent, par conséquent, mieux le calorique solaire, qu'elles ont une puissance d'assimilation plus énergique, qu'elles donnent, en un mot, un effet utile plus grand.

La plante-outil se comporterait donc dans le Nord comme une machine plus perfectionnée, capable d'un rendement de 8 à 10 pour 100 supérieur à celui des plantes des latitudes méridionales ; en d'autres termes, la plante gagnerait en activité, en vitesse d'élaboration ce qu'elle ne peut avoir, dans les hautes latitudes, ni en temps, ni en chaleur.

A quoi peut être attribuée cette activité végétale dans les hautes latitudes ? Ici nous en appellerons au savoir des maîtres de la science qui ont fait de ces questions une étude approfondie ; comme nous venons de le dire, le champ reste ouvert aux investigations.

Pour le moment, on peut se demander si la puissance d'assimilation qu'acquièrent les végétaux dans le Nord n'est pas la conséquence même de la manière dont ils accomplissent leurs fonctions. Nous savons, en effet, que l'acide carbonique est décomposé pendant le jour et que ce travail s'arrête ou se modifie la nuit ; à nos latitudes, par conséquent, le travail de la plante subit, chaque treize ou quatorze heures, un arrêt plus ou moins long ; dans le Nord, à partir du 60° degré de latitude, ces arrêts deviennent plus rares et surtout moins longs. Grâce à la longueur du crépuscule, il n'y a pas de nuit pendant un certain nombre de jours de la période de la végétation des plantes dans les hautes latitudes. A mesure qu'on s'avance vers le Nord, le nombre des jours sans nuit augmente de plus en plus ; au 67° degré de latitude le jour est presque permanent (1); au 70°, il l'est complétement, puisque le soleil y fait sa première apparition à minuit, le 15 mai, et ne disparaît, à minuit, sous l'horizon que le 30 juillet suivant.

Or chaque arrêt dans les fonctions agit comme les points morts dans une machine ; il détermine une perte de force ou

(1) Le soleil reste au-dessus de l'horizon, à Bodô, du 31 mai au 13 juillet ; son bord supérieur apparaît à minuit le 31 mai ; son centre, le 2 juin, et le soleil en totalité, le 4 juin ; il reste au-dessus de l'horizon en entier jusqu'au 9 juillet. Son bord supérieur cesse d'être visible à minuit le 13 juillet.

A Skibotten, le soleil reste continuellement au-dessus de l'horizon, du 18 mai au 26 juillet.

mieux d'action; quand ces arrêts sont nombreux, la somme des pertes finit par être considérable ; là où ils sont rares, au contraire, la perte est faible; la perte est nulle quand il n'y a pas d'arrêt, que les fonctions marchent régulièrement sans trêve ni repos; on conçoit dès lors que, dans les hautes latitudes les arrêts étant rares et finissant par être à peu près nuls, le travail de la plante ne subisse pas de perte et que son activité soit plus grande; peut-être même le mouvement s'y accélère-t-il ? De là l'activité croissante du développement de la plante dans le Nord. Nous ne pouvons mieux comparer, dans ce cas, la marche de la végétation dans le Nord qu'à celle d'un train express qui ne s'arrête qu'à un petit nombre de stations, tandis que dans le Midi la végétation peut être comparée à un train obligé de s'arrêter à un grand nombre de stations toutes très-rapprochées et ne permettant pas au train d'accélérer sa vitesse.

Cette hypothèse de la plante, fonctionnant comme un outil, donne l'explication de tous les faits que nous avons cités plus haut. Elle nous explique, entre autres choses, pourquoi la graine importée du Midi dans une région très-septentrionale ne mûrit guère plus vite la première année que dans son pays d'origine, mais gagne peu à peu et finit par croître aussi rapidement que les plantes du Nord ; elle nous explique pourquoi les semences des hautes latitudes transportées dans le Midi y mûrissent les premières années à peu près aussi vite que dans le Nord, mais perdent peu à peu cet avantage. La plante fonctionne, dans le premier cas, comme un train express qui est devenu train omnibus. La plante, comme le train, subit les inconvénients des arrêts fréquents.

Tels sont les faits sur lesquels j'ai cru devoir appeler l'attention des agriculteurs. Ils n'ont pas seulement un intérêt théorique ; ils nous offrent encore un véritable enseignement sur le choix des semences, les sources auxquelles on peut les puiser, sur les influences à l'aide desquelles les plantes peuvent acquérir certaines propriétés et plus particulièrement une activité de végétation ou une vitesse de travail plus grande.

J'ai dit ce qui se passe en Norvége et en Suède ; j'ai mentionné les échanges continuels de graines qui s'y font au grand avantage de la production en général et de la sécurité de la culture en particulier ; nous pouvons aussi déduire de ces faits des applications pratiques propres à nos contrées.

S'il paraît impossible de fixer, dans nos régions, la bâtiveté des végétaux cultivés dans les hautes latitudes, notre agriculture peut néanmoins en profiter dans une certaine mesure, en important les semences des variétés les plus améliorées du Nord et en renouvelant l'importation en temps opportun ; ce qui eût été difficile il y a un petit nombre d'années est devenu très-facile aujourd'hui, grâce à la multiplicité, à la rapidité et à l'économie des transports. Nous avons déjà réalisé des résultats notables en introduisant dans nos cultures les Blés d'Ecosse et les Avoines de Sibérie ; j'ai signalé aussi, il y a plusieurs années, comme pouvant être avantageusement importées chez nous, les semences de Seigle du Probstei (Holstein) et d'Avoine du Dithmarsh (Holstein), les Froments du Danemark et les Orges de l'île de Laaland (1). Aujourd'hui, nous apportons des faits nouveaux.

Plus que jamais le pays a besoin de développer ses forces productives ; l'amélioration de l'outillage agricole, dans toutes ses parties, s'impose à notre agriculture. Il lui faut non-seulement des instruments d'un effet utile plus considérable et lui permettant de réduire ses frais de production; il lui faut non-seulement des machines qui accroissent le volume utilisable du sol et des engrais qui fertilisent celui-ci; il lui faut encore des outils, des plantes capables de produire, de fabriquer la plus grande masse de matière végétale dans les mêmes conditions de sol et de fumure ; il lui faut des

_______________

(1) *Études économiques sur le Danemark, le Holstein et le Slewig ;* 1866.

plantes ayant une plus grande puissance d'assimilation des principes de l'air et du sol, utilisant davantage le calorique émané du soleil; il lui faut, en un mot, des plantes qui donnent, pour la même dépense, *plus* et *plus vite*. Ce que d'illustres éleveurs ont fait pour nos races domestiques, il faut le faire pour nos variétés de plantes.

On ne saurait trop insister ni revenir trop souvent sur cette branche de l'économie rurale et sur l'importance des améliorations à effectuer dans cette voie. On a déjà beaucoup fait sous ce rapport, ce n'est pas dans cette enceinte où le souvenir des Vilmorin est toujours vivant que j'ai besoin de le rappeler, mais il reste encore beaucoup à réaliser.

Disons, pour finir, que c'est à une récolte anticipée de quinze jours, grâce à des conditions climatériques exceptionnelles, que, l'an dernier (1874), le pays doit d'avoir échappé à une véritable crise alimentaire, puisque, à la fin de juillet, les approvisionnements touchaient à leur fin aussi bien en France qu'en Angleterre. Avoir de bonnes variétés capables de donner leur récolte dix, quinze ou vingt jours plus tôt dans les conditions normales n'est donc pas de mince importance pour le pays, pas plus que pour les cultivateurs.

On peut dire, à cet égard, que gagner du temps c'est gagner non-seulement de l'argent, mais encore de la sécurité, parce que, tout en réalisant plus tôt son produit, le cultivateur a une, deux ou trois semaines de chances de perte à courir en moins, et on sait combien ces chances sont nombreuses et toujours menaçantes.

### TABLEAU N° 1.

**Expériences du professeur Schübeler sur le Maïs, au Jardin des Plantes de Christiania.**

| VARIÉTÉS EXPÉRIMENTÉES. | PROVENANCE DE LA SEMENCE. (degrés de latitude.) | DATE de la SEMAILLE. | DATE de la RÉCOLTE. | DURÉE de la végétation en jours. | Épis qui ont donné la SEMENCE. | | | Épis récoltés A CHRISTIANIA. | | |
|---|---|---|---|---|---|---|---|---|---|---|
| | | | | | POIDS DE L'ÉPI. (gr.) | Longueur moyenne. (mm.) | Circonférence à la base. (mm.) | POIDS DE L'ÉPI. (gr.) | Longueur de l'épi. (mm.) | Circonférence à la base. (mm.) |
| Maïs de Hongrie. | Breslau. 51.06 | 22 mai. | 31 août. | 102 | 96.10 | 130 | 129 | 104.00 | 158 | 137 |
| Gros Maïs blanc. | Inspruck. 47.12 | Id. | 25 sept. | 127 | 187.10 | 205 | 165 | 135.27 | 203 | 148 |
| — jaune. | Carinthie. | Id. | 9 sept. | 111 | 116.00 | 149 | 147 | 136.20 | 207 | 145 |
| — — | Inspruck. 47.12 | Id. | 6 sept. | 108 | 146.30 | 189 | 150 | » | 220 | 170 |
| — — à épis courts. | Carinthie. | Id. | Id. | 108 | 137.10 | 121 | 181 | 136.79 | 141 | 183 |
| Maïs de mai. | Lucques. | Id. | 12 sept. | 114 | » | » | » | 165.80 | 184 | 178 |
| — cinquantain. | Parme. | Id. | 6 sept. | 108 | » | » | » | 89.66 | 179 | 126 |
| — jaune, à petits grains. | Galatz. 45.27 | Id. | 22 sept. | 124 | » | » | » | 143.22 | 208 | 144 |
| — d'Adam. | Stuttgart. 48.46 | Id. | 1er octo. | 132 | » | 140 | 132 | 140.50 | 168 | 149 |
| Gros Maïs jaune. | Carlsbad. | Id. | 18 sept. | 120 | 117.51 | 187 | 145 | 181.00 | 235 | 148 |
| Improved King Philipp Maïs. | Eldena. 53.13 | 25 mai. | 23 sept. | 125 | » | » | » | 124.05 | 219 | 115 |
| Zea Maïs rostrata (Maïs à bec). | Paris. 48.52 | Id. | 22 sept. | 124 | » | » | » | 68.50 | 154 | 101 |
| Galsen Sioux Corn. | New-York. 40.32 | Id. | 15 sept. | 117 | » | 218 | 132 | 141.65 | 225 | 148 |
| Maïs sucré (Sugar Corn). | Philadelphie. 40.00 | 22 mai. | 13 octo. | 145 | 105.50 | 182 | 121 | 111.22 | 194 | 138 |
| — brun (Brown Corn). | Canada. | 23 mai. | 18 sept. | 120 | 203.90 | 286 | 133 | 156.20 | 244 | 153 |
| — de Tuscarona. | Philadelphie. 40.00 | Id. | 13 octo. | 144 | » | » | » | 146.45 | 209 | 163 |
| — quarantain. | Christiania. 39.09 | 22 mai. | 31 août. | 102 | » | » | » | 115.45 | 159 | 145 |
| — poulet jaune. | Breslau. 51.06 | 23 mai. | 21 sept. | 123 | » | 90 | 92 | 33.50 | 93 | 90 |
| — — | Christiania. 59.09 | 25 mai. | 22 août. | 90 | » | » | » | 42.00 | 108 | 91 |

TABLEAU N° 2.

## Résumé des expériences du docteur Schübeler sur le développement des graines de Norvége

(JARDIN BOTANIQUE DE CHRISTIANIA ET DE TRONTHJEM [DRONTHEIM]).

| NOMS DES PLANTES. | LIEU DE PROVENANCE de la SEMENCE EMPLOYÉE. | LIEU OU A ÉTÉ FAITE LA RÉCOLTE. | ÉPOQUE DE LA SEMAILLE. | DATE DE LA RÉCOLTE. | DURÉE DE LA VÉGÉTATION EN JOURS. | POIDS de 1.000 grains en grammes — de la semence employée. | POIDS de 1.000 grains en grammes — de la graine récoltée. | NOMBRE de grains contenus dans 1 gramme — de la semence employée. | NOMBRE de grains contenus dans 1 gramme — du grain récolté. | GAIN EN POIDS DU GRAIN DE LA RÉCOLT. | PERTE EN POIDS par rapport à la SEMENCE. |
|---|---|---|---|---|---|---|---|---|---|---|---|
| | | | | | | gr. | gr. | gr. | gr. | p. 100. | p. 100. |
| Blé d'été. | Montréal. | Christiania | 23 mai. | 20 sept. | 121 | 30.130 | 32.685 | 33.18 | 30.59 | 8.04 | » |
| Blé de Victoria. | Thuringe. | Id. | Id. | 16 sept. | 117 | » | 34.540 | » | 28.95 | » | » |
| Blé hâtif, dit des 100 jours. | Eldena.? | Id. | Id. | 2 sept. | 103 | » | 33.590 | » | 29.77 | » | » |
| — 2e génération. | Christiania. | Id. | 14 mai. | 14 août. | 93 | 33.590 | 33.790 | 29.77 | 29.59 | 0.06 | » |
| — 3e génération. | Id. | Id. | 24 mai. | 6 août. | 75 | 33.790 | 31.400 | 29.59 | 31.84 | » | 6.05 |
| — 2e génération, semé à Breslau. | Id. | Grain de la 2e génération à Christiania, transporté et semé à Breslau. | 19 mai. | Id., à Breslau. | 80 | 33.790 | 24.840 | 29.59 | 40.26 | » | 26.00 |
| | | » | 29 mai. | 24 août. | 88 | » | 18.360 | » | 54.47 | » | » |
| Avoine nue. | Id. | Christiania | 28 mai. | 25 août. | 90 | 23.762 | 31.143 | 42.08 | 31.83 | 31.00 | » |
| Orge.. | Breslau. | Id. | 14 mai. | 14 août. | 93 | 31.143 | 31.610 | 40.43 | 39.82 | 33.00 | » |
| — après plusieurs générations | Christiania. | Breslau, provenant de semence de la 2e génération, cultivée à Christiania. | 19 mai. | 5 août. | 79 | 31.610 | 27.950 | 39.82 | 15.88 | 27.95 | » |
| — de 2e génération. | Id. | | | | | | | | | | |
| — à 4 rangs. | Alten (70°). | Alten. | » | » | » | 32.500 | » | 30.77 | » | » | » |
| — d'Alten. | Christiania. | Christiania | 26 mai. | 19 juill. | 55 | 32.500 | 31.600 | 30.77 | 31.64 | » | 2.08 |
| — — | Id. | Breslau. | 19 mai. | 24 juill., Breslau. | 67 | 32.500 | 30.620 | 30.77 | 32.66 | » | 5.07 |
| Phleum pratense. | Montréal. | Christiania. | 1er mai. | 10 août. | 133 | 0.336 | 0.486 | » | 20.57 | 45.00 | » |
| — | Id. | Id. | 2 mai. | 2 août. | 125 | » | » | 26.77 | 18.45 | 61.03 | » |
| — | Id. | Id. | 1er mai. | 4 août. | 127 | » | 0.497 | » | 20.12 | 48.00 | » |
| Pois Michaud à œil noir. | Christiania. | Breslau. | 19 mai. | 15 août. | 89 | 336.160 | 299.880 | 2.98 | 3.33 | » | 7.08 |
| — Mammouth. | Id. | Breslau, semence provenant de Christiania | Id. | 18 août. | 92 | 351.300 | 333.980 | 2.85 | 2.99 | » | 4.09 |
| Haricot précoce jaune (Phaseolus ellipt. aureus). | Id. | Breslau. | Id. | 6 août. | 80 | 246.000 | 201.800 | 4.07 | 4.95 | » | 17.09 |
| — blanc nain (Phas. ellipt. carneus). | Id. | Id. | Id. | 5 août. | 79 | 455.100 | 404.100 | 2.36 | 3.16 | » | 25.01 |
| — oblong (Phas. oblong. Rachelianus). | Id. | Id. | Id. | 1er août. | 75 | 448.400 | 324.480 | 2.45 | 3.08 | » | 27.06 |
| — — | Id. | Thronthjem. | » | » | » | 418.100 | 697.600 | 2.39 | 1.43 | 66.08 | » |
| — de Chine. | Montréal. | Christiania. | 27 mai. | 17 août. | 83 | 414.840 | 510.000 | 2.410 | 19.61 | 22.09 | » |
| — — | Christiania, semé à Tronthjem. | Thronthjem. | » | » | » | 510.000 | 676.100 | 1.961 | 1.479 | 62.09 | » |
| Turneps de Kirwing à collet rouge, amélioré. | Edimbourg. | Id. | » | » | » | 2.430 | 2.750 | 4.11 | 3.63 | 13.02 | » |
| Cresson de Paris. | Erfurth. | Christiania. | 16 mai. | 2 août. | 79 | 2.230 | 2.782 | 4.48 | 3.87 | 8.09 | » |
| Esparcette en gousse. | Edimbourg. | Id. | » | 25 août. | 118 | 20.800 | 27.700 | 48.08 | 36.10 | 33.03 | » |
| — sans gousse. | Id. | Id. | » | Id. | 118 | 19.300 | 21.100 | 57.80 | 47.39 | 21.09 | » |
| Cameline (Camelina sativa). | Montréal. | Id. | 23 mai. | 10 sept. | 112 | 0.744 | 0.955 | 13.41 | 10.47 | 28.03 | » |
| Capsella bursa pastoris. | Allemagne. | Id. | » | » | » | 0.101 | 0.110 | 99.09 | 90.91 | 8.09 | » |
| Thymus vulgaris. | Lyon. | Tronthjem. | » | » | » | 0.176 | 0.301 | 56.81 | 3.323 | 7.21 | » |
| Chardon à foulon. | Id. | Christiania. | 15 mai. | 15 nov. | 138, à partir du 1er mai. | 3.129 | 3.259 | 319.02 | 306.08 | 4.01 | » |
| Laitue (Lactuca sativa). | Erfurth. | Id. | 14 mai. | 10 sept. | 120 | 0.970 | 1.450 | 10.31 | 689.000 | 49.05 | » |

TABLEAU N° 3. — *Époque de l'arrivée, à Christiania, des principaux oiseaux de passage, d'après M. Robert Collett.*

| | |
|---|---|
| Accentor modularis (accenteur-mouchet). | 12 au 28 avril. |
| Alauda arborea (alouette lulu). | 14 mars. |
| — arvensis (alouette commune). | 25 au 31 mars. |
| Anas boschas (canard sauvage). | 23 au 30 avril. |
| Anas crecca (petite sarcelle). | 23 au 30 avril. |
| Anser cinereus (oie cendrée). | 26 mars au 20 avril, quelquefois 9 mai. |
| Anthus arboreus. | 28 avril au 12 mai. |
| — pratensis. | 20 avril au 6 mai. |
| Buteo lagopus (buse). | 10 au 22 avril. |
| Buteo vulgaris (buse vulgaire). | 19 au 29 avril. |
| Charadrius apricarius (pluvier doré). | 24 avril au 11 mai. |
| Ciconia alba (cigogne blanche). | 1er au 12 avril. |
| Columba anas (petit vannier). | 1er au 20 avril. |
| — palumbus (palombe). | 5 au 26 avril. |
| Colymbus arcticus (plongeon). | 1er au 12 mai. |
| Corvus monedula (corbeau choucan). | 5 au 23 mars. |
| Cuculus canorus (coucou ordinaire). | 5 au 22 mai. |
| Cypselus apus (martinet). | 15 au 25 mai. |
| Emberiza hortulana (ortolan). | 13 au 25 mai. |
| Fringilla cannabina (linotte). | 25 mars au 18 avril. |
| — chloris (verdier). | 17 mars au 19 avril. |
| — cœlebs (pinson). | 20 mars au 7 avril. |
| Gallinula crex (râle d'eau). | 9 au 30 mai. |
| Grus cinerea (grue cendrée). | 14 au 16 mai. |
| Hirundo riparia (hirondelle de rivage). | 16 au 25 mai. |
| — rustica (hirondelle des champs). | 2 au 17 mai. |
| — urbica (hirondelle ordinaire). | 7 au 14 mai. |
| Jynx torquilla (torcol). | 22 avril au 9 mai. |
| Lanius collurio (pie-grièche). | 20 mai au 1er juin. |
| Lusciola phœnicurus (luciole). | 26 avril au 11 mai. |
| Lusciola rubecula. | 2 au 10 avril. |
| Motacilla alba (bergeronnette). | 5 au 10 avril. |
| Numenius arcuata (courlis commun). | 28 avril au 2 mai. |
| — phœopus (courlis corlien). | 2 au 20 mai. |
| Perdix coturnix (caille). | 22 au 27 mai. |
| Scolopax gallinago (bécassine). | 22 avril au 6 mai. |

Sterna hirundo (hirondelle de mer). . . .    15 avril.
Sturnus vulgaris (étourneau, sansonnet).    17 mars au 7 avril.
Sylvia (fauvette). . . . . . . . . . . . .    14 avril au 30 mai.
Les merles (turdus iliacus, merula, mu-
    sicus, torquatus et vicivorus). . . . .    Fin mars et avril.
Vanellus cristatus  (vanneau huppé). . .    29 mars au 11 avril.

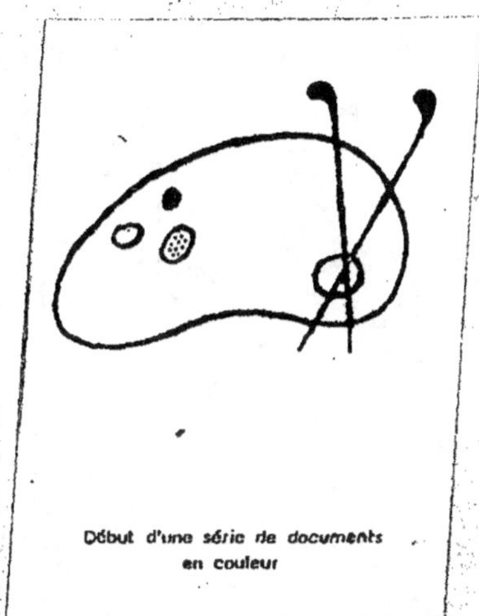


Début d'une série de documents
en couleur

 

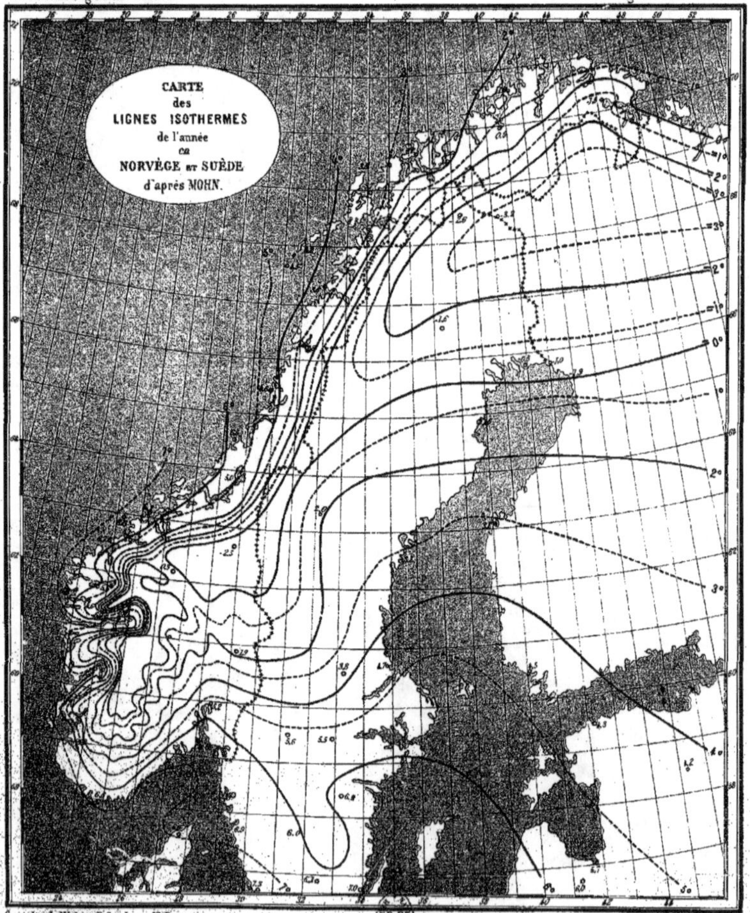

CARTE
des
LIGNES ISOTHERMES
de l'année
en
NORVÈGE et SUÈDE
d'après MOHN.

 

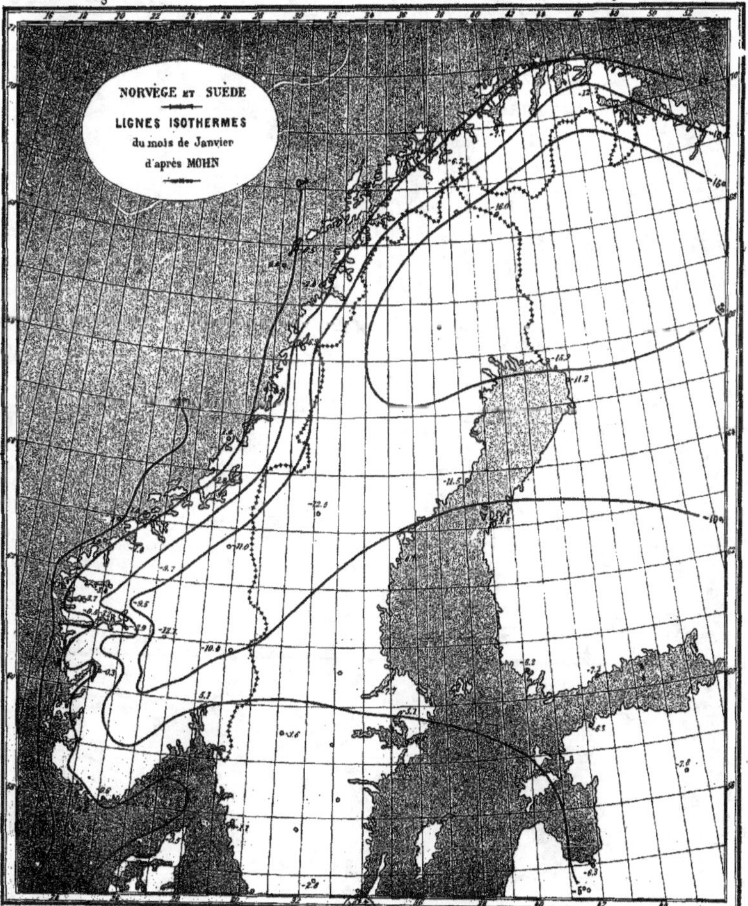

NORVÈGE ET SUÈDE
LIGNES ISOTHERMES
du mois de Janvier
d'après MOHN

NORVÈGE ET SUÈDE
LIGNES ISOTHERMES
du Mois de Juillet
d'après MOHN



Gravé chez L. Wuhrer R. Gay-Lussac 52 Paris
Imp. Becquet, Paris

NORVÉGE ET SUÉDE
CARTE DES PLUIES
(Moyenne de l'année)
d'après MOHN
SUÉDE
NORVÉGE

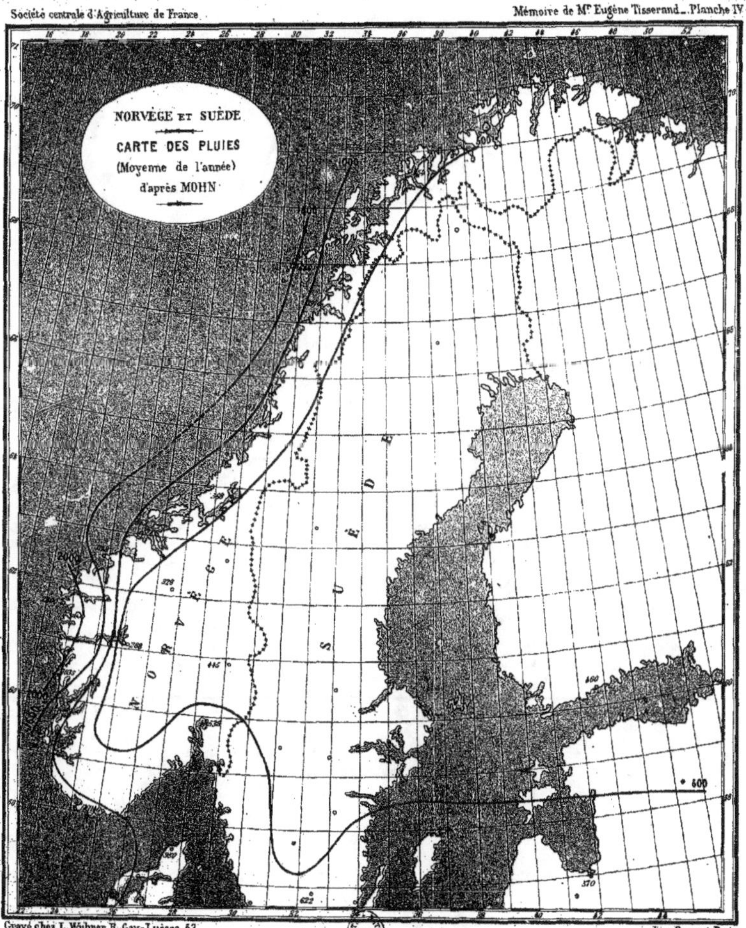

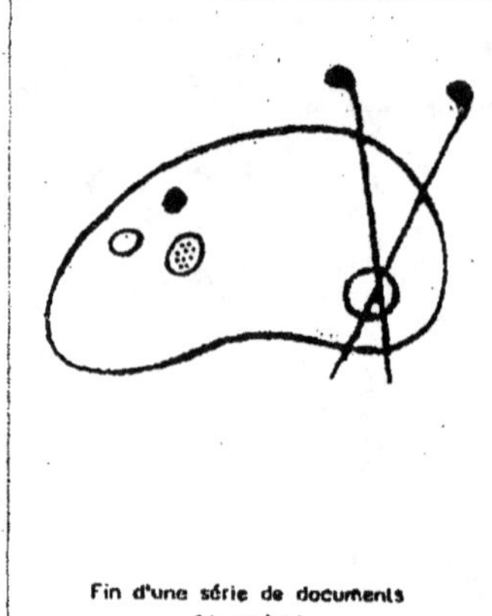


Fin d'une série de documents
en couleur